FACHWISSEN FEUERWEHR

Meyer

ZUGFÜHRER IM EINSATZ

ecomed
SICHERHEIT

Bibliografische Informationen der deutschen Nationalbibliothek
Die Deutsche Nationalbibliothek verzeichnet diese Publikation in der Deutschen Nationalbibliografie; detaillierte bibliografische Daten sind im Internet über http://www.dnb.de abrufbar.

Bei der Herstellung des Werkes haben wir uns zukunftsbewusst für umweltverträgliche und wiederverwertbare Materialien entschieden.
Der Inhalt ist auf chlorfrei gebleichtes Papier gedruckt.

Aus Gründen der besseren Lesbarkeit wird in diesem Werk die Sprachform des generischen Maskulinums angewendet. Es wird darauf hingewiesen, dass die ausschließliche Verwendung der männlichen Form geschlechtsunabhängig zu sehen ist.

ISBN 978-3-609-68184-9

E-Mail: kundenservice@ecomed-storck.de

Telefon: 089/2183-7922
Telefax: 089/2183-7620

Nachweis der Titelbilder:
oben links und unten links: Feuerwehr Soest
oben rechts: Daniel Schröder, unten rechts: Christian Meyer

Satz: Fotosatz Pfeifer, 82110 Germering
Druck: CPI books GmbH, 25917 Leck

Information zur Produktsicherheit:
https://www.ecomed-storck.de/gpsr

Vorwort

Die Anforderungen an die Angehörigen der Feuerwehren haben sich im Laufe der letzten Jahre erheblich verändert. Genügten früher die Kenntnisse der normalen Brandbekämpfung, müssen heute selbst kleinere Feuerwehren die unterschiedlichsten Notlagen meistern können, um in Not geratene Menschen oder Tiere zu retten, Sachwerte zu erhalten und die Umwelt vor Schaden zu bewahren.

Dies ist jedoch nur möglich, wenn für alle Feuerwehrangehörigen eine umfassende und wirksame Aus- und Weiterbildung durchgeführt wird. Diese Forderung steht jedoch dem Problem gegenüber, dass diese Aus- und Weiterbildung von den meist freiwillig tätigen Angehörigen der Feuerwehren zusätzlich zu den immer weiter steigenden Anforderungen in deren Berufsleben und den vielfältigen Verpflichtungen im privaten oder familiären Bereich geleistet werden muss.

Letztlich liegt es an jedem Feuerwehrangehörigen selbst, ob und in welchem Umfang er bereit ist, sich durch eine regelmäßige und aktive Teilnahme an der angebotenen Aus- und Weiterbildung den gesteigerten Anforderungen der Feuerwehr zu stellen.

Das Ziel der Broschürenreihe „Fachwissen Feuerwehr“ besteht darin, die Feuerwehrangehörigen mit dem Wissen auszustatten, das in der heutigen Zeit erforderlich ist, um aufgabengerecht und wirkungsvoll tätig zu werden. Die Texte und Abbildungen sind in leicht verständlicher Weise dargestellt, Hinweise und Merksätze filtern die für die Praxis wichtigen Informationen heraus.

Das Führen einer Einheit in Zugstärke als Zugführerin oder Zugführer ist in der Komplexität deutlich anspruchsvoller als die Führung einer Gruppe. Bei der Zugführung ist es besonders wichtig, sich nicht in technischen Details zu verlieren. Stattdessen muss die Zugführung stets einen umfassenden Blick auf die Gesamteinsatzlage haben. Dazu gehört es, den Überblick über alle relevanten Faktoren für die Einsatzbewältigung zu behalten, vorausschauend zu agieren und eine gewisse Distanz zu wahren.

Die Grundlage der Führung basiert dabei auf der Feuerwehrdienstvorschrift 100 (FwDV 100) „Führung und Leitung im Einsatz – Führungssystem“, welche der Zugführerin oder dem Zugführer hinlänglich bekannt sein muss. Dabei wird klassisch der sogenannte und bewährte Führungsvorgang angewendet. Ein Einsatz, bei dem eine Gruppe zur Durchführung der Gefahrenabwehrmaßnahmen nicht ausreicht und mindestens ein Zug erforderlich ist, ist in der Regel deutlich umfangreicher, sowohl hinsichtlich der räumlichen Ausdehnung als auch des Ausmaßes der Schadensbewältigung.

Die Aufgaben sind daher oft komplexer und erfordern eine umfassendere Koordination. Aus diesem Grund muss die Zugführerin oder der Zugführer an der Einsatzstelle oftmals einen Teil der Führungstätigkeit delegieren. Dies ist möglich, da mit den Gruppenführerinnen und Gruppenführern des Zuges zusätzlich ausgebildetes Führungspersonal zur Verfügung steht. Die Notwendigkeit hierzu ergibt sich, da die Zugführung selbst nicht an mehreren Orten gleichzeitig sein kann. Zur Wahrnehmung der Führungsaufgabe sollte die Zugführerin oder der Zugführer weiterhin, neben guten Fachkenntnissen im feuerwehrtechnischen und -taktischen Bereich, über eine entsprechend gute Ortskenntnis sowie ein detailliertes Wissen über die Aufbauorganisation der eigenen Feuerwehr verfügen, was zusammenfassend unter dem Begriff der örtlichen Verhältnisse zu verstehen ist. Da die Zugführung in vielen Fällen an einer Einsatzstelle auch die Funktion der Einsatzleitung übernimmt, obliegt dieser neben der Möglichkeit der Einflussnahme auf die ihr unterstellten Einheiten dann auch die Gesamtverantwortung bei der Durchführung aller Gefahrenabwehrmaßnahmen.

Diese Broschüre **„Zugführer im Einsatz“** beinhaltet allgemeine Führungsgrundsätze, welche sich aus der FwDV 100 ergeben, gepaart mit einsatztaktisch relevanten Themen als Erfahrungswerte aus dem Einsatzdienst der Feuerwehren. Sie kann dabei zur Vorbereitung auf anstehende Führungslehrgänge genutzt werden, aber auch als praktisches Nachschlagewerk, beispielsweise zur Aus- und Fortbildung am eigenen Standort, dienen. Der Inhalt dieser Broschüre richtet sich jedoch nicht ausschließlich an angehende oder bereits ausgebildete Führungskräfte, sondern soll vielmehr auch allen anderen Feuerwehrangehörigen die Möglichkeit eröffnen, ein besseres Verständnis für das Thema „Führen im Einsatz“ zu erlangen.

Hinweis: Frauen stellen innerhalb der deutschen Feuerwehren eine große Bereicherung dar und tragen maßgeblich zur Leistungsfähigkeit bei. Um die Lesbarkeit zu erhöhen, wird im weiteren Verlauf dieser Publikation die maskuline Form verwendet, die Funktionsbezeichnungen und personenbezogenen Begriffe gelten jedoch sowohl für weibliche, männliche oder diverse Feuerwehrangehörige.

Soest, Juli 2025 — Christian Meyer

Inhalt

1 Einleitung

Der Einsatzdienst der Feuerwehren weist die Besonderheit auf, dass die Feuerwehrangehörigen und deren Führungskräfte an Einsatzstellen oft mit völlig unbekannten Situationen konfrontiert werden, die sich aus der jeweiligen Schadenslage ergeben. Zur Gefahrenabwehr und hier insbesondere beim **„Erstangriff“** ist es erforderlich, mit denen ihnen zur Verfügung stehenden Einsatzkräften und Einsatzmitteln die ersten Einsatzmaßnahmen einzuleiten und durchzuführen. Viele dieser Einsätze spielen sich dabei unter hohem Zeitdruck aufgrund dynamischer Schadenslagen ab, neben oftmals vielfältigen vorhandenen Gefahren an der Einsatzstelle. Daher ist es zur Sicherstellung einer effektiven Gefahrenabwehr wichtig, dass die eingesetzten Führungskräfte ihre eigene Rolle kennen, die vorliegende Schadenslage schnell und genau erfassen sowie beurteilen können und im weiteren Verlauf in der Lage sind, einen zielgerichteten Entschluss zu fassen, welcher dann wiederum in einen Befehl mündet.

Diese Punkte sind letztendlich die Kernaufgaben der Führungstätigkeit eines Zugführers im operativen Dienst, um die ihm unterstellte Mannschaft zu führen und zu leiten. Dabei muss er eine klare Zielsetzung, geeignete Verfahrensweisen und durchgehend ein zielgerichtetes Einsetzen der zur Verfügung stehenden Mannschaft und Einsatzmittel sicherstellen.

Der genaue Aufbau eines Zuges, das heißt die Zusammensetzung der Mannschaft sowie der Einsatzmittel, ist dabei innerhalb der einschlägigen Feuerwehrdienstvorschriften nicht explizit festgelegt. Bei einem Zug handelt es sich jedoch im Regelfall um zwei, beziehungsweise in Ausnahmefällen um drei Gruppen. Dabei können die Gruppen wiederum in Staffeln oder selbstständige Trupps unterteilt sein. Dabei ist eine weitere Unterteilung jedoch nur so weit möglich, wie es die Grundregeln der Führungslehre zulassen *(siehe 2-5er-Regel in Kapitel 9)*. Hier ist anzumerken, dass nicht jede mögliche Zusammensetzung eines Zuges auch immer sinnvoll ist. Grundsätzlich kann auch gesagt werden, dass sich ein Zug einer Berufsfeuerwehr oftmals in Bezug auf die Qualifikation des Personals, der Fahrzeugtechnik und der Personalstärke anders als ein Zug (Lösch- oder Rüstzug) einer Freiwilligen Feuerwehr zusammensetzt.

Abbildung 1: Klassischer Löschzug einer Berufsfeuerwehr, bestehend aus Einsatzleitwagen 1, zwei Hilfeleistungslöschgruppenfahrzeugen 20 sowie einer Drehleiter 23/12 (Quelle: Christian Meyer)

Der Einsatzleitwagen 1 (ELW 1) dient der Einsatzleitung und Koordination der Gefahrenabwehrmaßnahmen vor Ort, während die beiden Hilfeleistungs-Löschgruppenfahrzeuge 20 (HLF 20) mit einer umfangreichen Ausstattung für Brandbekämpfung und technische Hilfeleistung ausgestattet sind. Die Drehleiter 23/12 (DLK 23/12) ermöglicht den Zugang zu höheren Lagen und unterstützt bei der Menschenrettung sowie der Brandbekämpfung aus der Höhe. Während bei einer Berufsfeuerwehr die Funktionen auf dem Löschzug zum Dienstantritt festgelegt sind, ergibt sich die Besetzung der einzelnen Funktionen des Löschzuges bei einer Freiwilligen Feuerwehr in der Regel erst im Alarmfall bei der Besetzung der Fahrzeuge je nach aktueller Verfügbarkeit der Einsatzkräfte.

Der Löschzug einer Freiwilligen Feuerwehr setzt sich oftmals aus verschiedenen Fahrzeugen zusammen, die jeweils spezifische Aufgaben erfüllen. Im Beispiel auf der Abbildung 2 besteht der Löschzug aus einem Kommandowagen (KdoW) als Führungsfahrzeug des Zugführers, einem Hilfeleistungslöschgruppenfahrzeug 20 und einem Löschgruppenfahrzeug 20 (LF 20).

Abbildung 2: Löschzug einer Freiwilligen Feuerwehr, bestehend aus Kommandowagen, Hilfeleistungslöschgruppenfahrzeug 20 und Löschgruppenfahrzeug 20 (Quelle: Christian Meyer)

Der Kommandowagen dient dabei in erster Linie dem Zugführer, um die Einsatzstelle schnell zu erreichen und die Lage zu erkunden. Er ist mit Kommunikationsmitteln ausgestattet, um die Koordination der Einsatzkräfte zu gewährleisten. Das LF 20 ist für die Brandbekämpfung konzipiert und hat eine ähnliche Ausstattung wie ein Hilfeleistungslöschgruppenfahrzeug, jedoch liegt der Schwerpunkt stärker auf der Löschtechnik. Zusammen bilden auch diese Fahrzeuge mit ihren Besatzungen eine schlagkräftige Einheit als Zugverband, die sowohl bei Bränden als auch bei technischen Hilfeleistungen effektiv eingesetzt werden kann.

2 Taktischer Einsatzwert des Zuges

Der taktische Einsatzwert eines Zuges ist entscheidend für dessen effektiven Einsatz und Einsatzerfolg in Bezug auf die Schadenslage. Der einsatztaktische Wert wird dabei durch zahlreiche Faktoren bestimmt beziehungsweise beeinflusst. Hierzu zählen beispielsweise die Mannschaftsstärke und deren Ausbildungsstand, die jeweilige Fahrzeugformation des Zuges sowie die technischen Eigenschaften und die Beladung der Fahrzeuge in Abhängigkeit zur Einsatzlage.

Der taktische Einsatzwert eines Zuges ergibt sich somit abschließend aus dem Vergleich der zur Verfügung stehenden Mannschaft und Einsatzmittel mit den sich aus dem Schadensereignis ergebenden erforderlichen Einsatzmaßnahmen. Zur Bestimmung des taktischen Einsatzwertes sind daher die Beschaffenheit des Zuges mit dem Schadensereignis in eine Beziehung zu setzen. Die richtige Einschätzung des Einsatzwertes des Zuges ist dabei eine grundlegende Aufgabe des Zugführers im Rahmen der Anwendung des Führungsvorganges.

3 Mögliche Einsatzformen eines Zuges

In der zurückgezogenen Feuerwehr-Dienstvorschrift 5 „Der Zug im Löscheinsatz“ (FwDV 5) wurden verschiedene Einsatzformen für den Einsatz eines Zuges beschrieben. Wie der Name der FwDV 5 bereits andeutet, lag der Schwerpunkt dieser ehemaligen Dienstvorschrift auf dem Einsatz des Zuges zur Brandbekämpfung. Obwohl die aktuelle Feuerwehr-Dienstvorschrift 3 „Einheiten im Lösch- und Hilfeleistungseinsatz“ diese spezifischen Einsatzformen nicht mehr behandelt, können sie auch heute noch bei Einsätzen mit einem Zug angewandt werden. Daher werden sie im Folgenden erläutert. Die Einsatzformen beschreiben den taktischen Einsatz eines Zuges, der sowohl nebeneinander, hintereinander, geschlossen als auch getrennt durchgeführt werden kann.

3.1 Einsatzform nebeneinander

Wenn an einer Einsatzstelle der gesamte Löschzug erforderlich ist, jedoch die Einsatzmittel eines Löschfahrzeuges ausreichen, werden beide Gruppen nebeneinander eingesetzt. Das andere Löschfahrzeug bleibt taktische Reserve und wird für den eigentlichen Einsatz nicht direkt eingesetzt. Dies ermöglicht eine effiziente Nutzung der verfügbaren Ressourcen.

- Beide Gruppen entwickeln sich von einem Löschfahrzeug aus
- Es werden im Wesentlichen nur die Einsatzmittel einer Gruppe eingesetzt
- Einsatz von in der Regel zwei Verteilern
- Einsatzstellen mit räumlicher Enge

■ Einsatzbeispiel

Der Einsatz von zwei Löschgruppen an verschiedenen Seiten des Gebäudes erfolgt unter der Bedingung, dass die Wasserabgabe ausschließlich von einem Hilfeleistungslöschgruppenfahrzeug ausgeführt wird. Die Mannschaft des Zuges setzt dabei hauptsächlich nur Einsatzmittel einer Gruppe beziehungsweise eines Hilfeleistungslöschgruppenfahrzeuges ein.

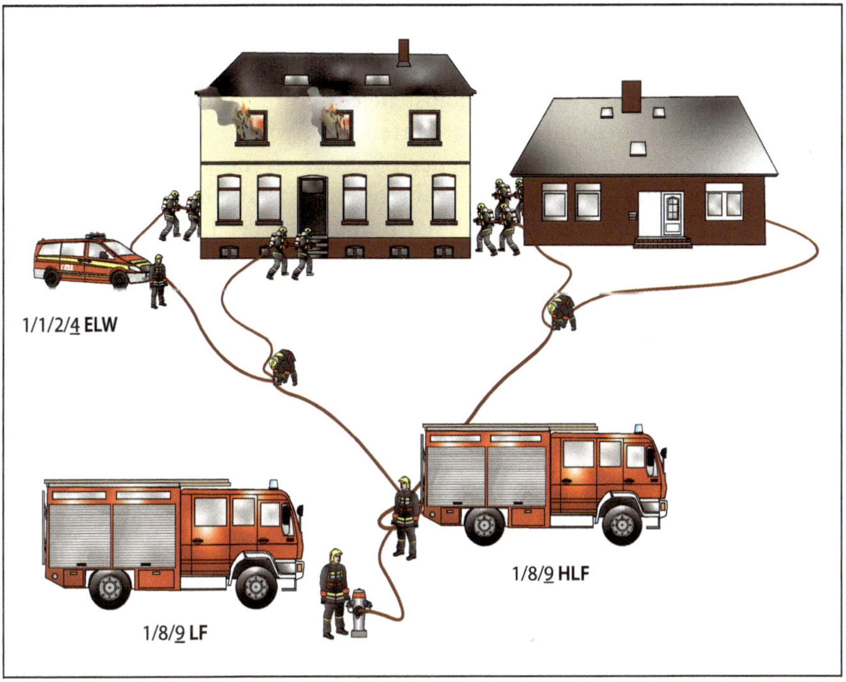

Abbildung 3: Grafik zu einem Einsatz von zwei Gruppen nebeneinander
(Quelle: Christian Meyer)

3.2 Einsatzform hintereinander

Wenn der Einsatz beispielsweise dadurch erschwert wird, dass die Löschwasserentnahmestelle weit von der Brandstelle entfernt ist oder Schwierigkeiten bei der Löschwasserentnahme zu erwarten sind, wird in der Regel eine der Gruppen zunächst zur Einrichtung der Löschwasserentnahmestelle und der Löschwasserzuführung eingesetzt, während die andere Gruppe unmittelbar am Brandort eingesetzt wird. Nach der Etablierung der Löschwasserversorgung kann der Einsatz dann in der Einsatzform „Einsatz nebeneinander" fortgeführt werden.

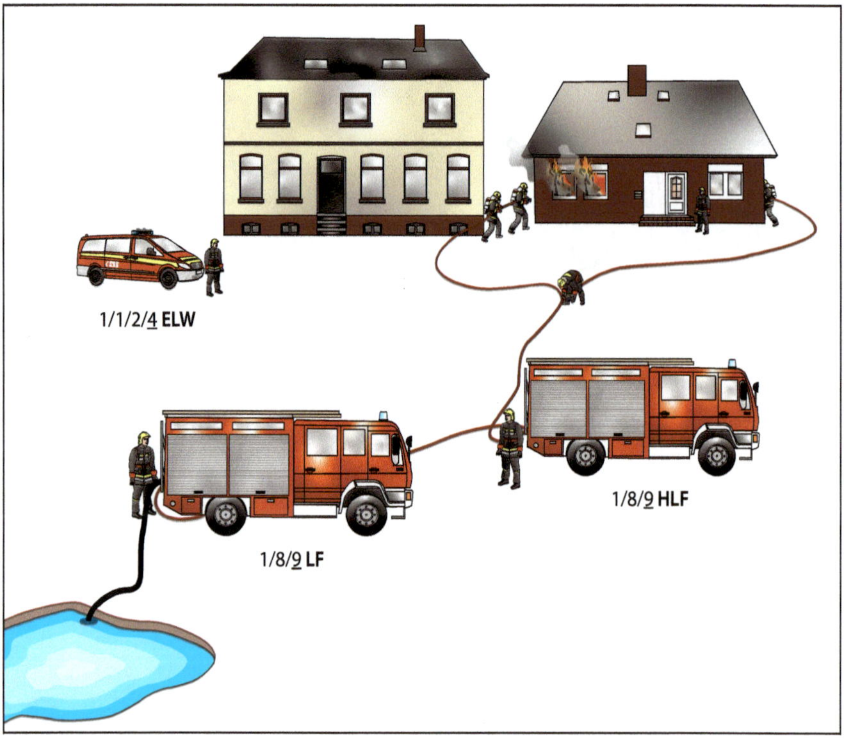

Abbildung 4: Grafik zu einem Einsatz von zwei Gruppen hintereinander (Quelle: Christian Meyer)

- Die Löschwasserentnahmestelle ist weit von der Einsatzstelle entfernt und/oder die Einrichtung der Löschwasserentnahmestelle ist aufwendig und bindet eine ganze Gruppe
- Zu Beginn eines Einsatzes wird häufig die Einsatzform „Einsatz hintereinander“ verwendet, die dann in die Einsatzform „Einsatz nebeneinander“ übergeht

■ Einsatzbeispiel

1. Gruppe: Vorbereitung und Durchführung der Brandbekämpfung von zwei Seiten im Bereich des brennenden Wohnhauses

2. Gruppe: Aufbau der Löschwasserversorgung von einer offenen Löschwasserentnahmestelle aus

Nach dem Einrichten der Löschwasserentnahmestelle wird der Einsatz beider Gruppen nebeneinander durch den Zugführer gewählt und die zweite Gruppe auch zur Brandbekämpfung eingesetzt.

3.3 Einsatzform geschlossen

Bei räumlich kompakten Einsatzstellen oder an Einsatzorten, an denen nur wenige Maßnahmen erforderlich sind, werden die Gruppen geschlossen eingesetzt. Die Einsatzkräfte nutzen dabei vorrangig die Einsatzmittel nur eines Löschfahrzeuges.

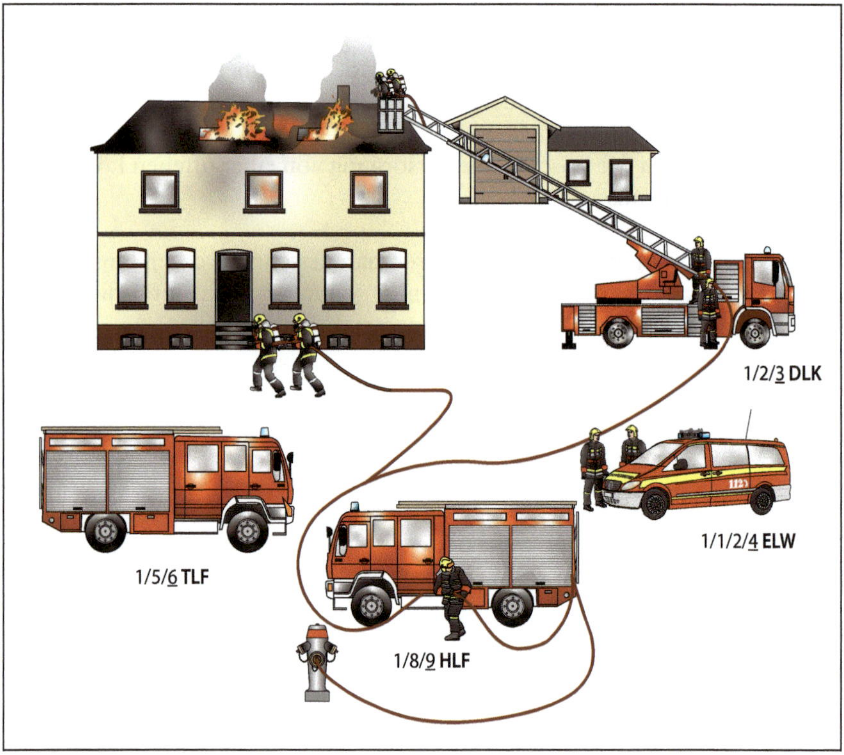

Abbildung 5: Grafik zu einem geschlossenen Einsatz von zwei Gruppen (Quelle: Christian Meyer)

- Die Einsatzstelle ist räumlich nicht weit ausgedehnt
- Einsatz in der Regel nur von einem Verteiler
- Zur Durchführung des Einsatzes sind nur wenige Einsatzmaßnahmen erforderlich
- Es werden hauptsächlich nur Einsatzmittel eines Löschfahrzeuges eingesetzt

■ Einsatzbeispiel

1. Gruppe (Hilfeleistungslöschgruppenfahrzeug 10): Einsatz zur Brandbekämpfung im Innenangriff

2. Gruppe (Drehleiter 23/12 und Tanklöschfahrzeug 3000): Brandbekämpfung über die DLK sowie Ausleuchten der Einsatzstelle

3.4 Einsatzform getrennt

Bei größeren Einsatzstellen kann es erforderlich sein, die Einsatzmaßnahmen von verschiedenen Seiten gleichzeitig durchzuführen. Ein getrennter Einsatz wird auch dann angewendet, wenn beispielsweise neben der Brandbekämpfung gleichzeitig auch Rettungsmaßnahmen notwendig sind.

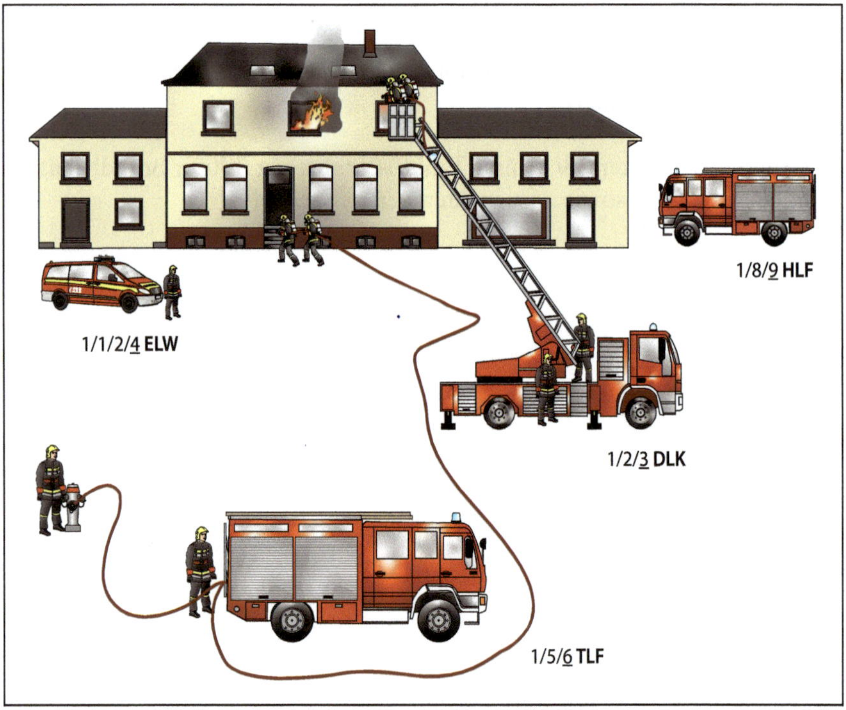

Abbildung 6: Grafik zu einem getrennten Einsatz von zwei Gruppen (Quelle: Christian Meyer)

- Die Einsatzmaßnahmen müssen von verschiedenen Seiten gleichzeitig durchgeführt werden
- Beide Besatzungen der Löschfahrzeuge arbeiten selbstständig
- Die Gruppen erhalten eigene Abschnitte/Aufträge für ihren eigenständigen Einsatz
- Umfangreiche Einsatzmaßnahmen erforderlich

■ Einsatzbeispiel

1. Gruppe (Hilfeleistungslöschgruppenfahrzeug 20): Einsatz zur Brandbekämpfung auf der Gebäuderückseite

2. Gruppe (Drehleiter 23/12 und Tanklöschfahrzeug 3000): Einsatz zur Menschenrettung auf der Gebäudevorderseite

4 Alarmierung, Ausrücken und Anfahrt zur Einsatzstelle

4.1 Alarmierung

Schon bei der Alarmierung der Feuerwehr werden mehr oder weniger detaillierte und wichtige Informationen an die jeweils alarmierten Einsatzkräfte beziehungsweise Einheiten übermittelt.

Diese ersten Informationen sind für den Zugführer bereits eine entscheidende Informationsquelle, welche er sich zu Nutze machen sollte. Es ist dabei unabhängig, ob die Alarmierung durch die Leitstelle mittels Funkmeldeempfänger oder durch die Zentralalarmierung auf der Feuer- und Rettungswache einer Berufsfeuerwehr erfolgt.

Aus diesen ersten Informationen lassen sich oftmals bereits erste taktische Rückschlüsse ziehen. So verhält sich ein Einsatz zur technischen Rettung im Winter bei Minusgraden auf der Autobahn völlig anders als ein Verkehrsunfall sommertags in einem verkehrsberuhigten Innenstadtbereich.

Auch ein Kellerbrand in einem freistehenden Einfamilienhaus ist taktisch anders zu bewerten als ein Zimmerbrand in einer Pflege- und Betreuungseinrichtung mit einer Vielzahl von gefährdeten Personen in einem Gebäudekomplex.

Anhand dieser beiden Beispiele ist zu erkennen, dass eine erste taktische Bewertung der Alarmierungsparameter durch den Zugführer bereits im Rahmen der Alarmierung erfolgen muss.

Dabei ist jedoch zu bedenken, dass „Meldebilder“ sowie die im Rahmen der Alarmierung übertragenen Informationen auch stark von der eigentlichen Schadenslage an der Einsatzstelle abweichen können. Vielfach können aus den Informationen der Alarmierung jedoch bereits sinnvolle erste Rückschlüsse und taktische Folgerungen abgeleitet werden. Hierzu sind neben einer fundierten fachlichen Ausbildung der Führungskraft jedoch auch insbesondere eine gute Ortskunde sowie Kenntnis der Organisation der Feuerwehr von großer Bedeutung.

Zur ersten Beurteilung sollten nachfolgende Parameter in Beziehung zueinander gesetzt werden.

4.1.1 Allgemeine Lage

Dies sind die Merkmale von **Ort, Zeit** und **Wetter**, welche dem Zugführer als ein Teil der beeinflussenden Faktoren im Rahmen der Alarmierung bekannt werden. Hierdurch ist bereits ab dem Zeitpunkt der Alarmierung für den Zugführer eine gedankliche Vorbereitung auf die Einsatzstelle möglich.

- **Ort:** z.B. Bundesautobahn 1, Richtungsfahrbahn Köln
- **Zeit:** z.B. werktags um 03:11 Uhr
- **Wetter:** z.B. – 2 °C und leichter Schneefall

4.1.2 Eigene Lage

Die Wahl des entsprechenden Einsatzstichwortes erfolgt auf Grundlage des jeweiligen Meldebildes, das während der Notrufabfrage ermittelt wird. Das vom Leitstellendisponenten gewählte Einsatzstichwort legt die spezifische Einsatzmittelkette gemäß der Alarm- und Ausrückeordnung fest. Der Zugführer muss sich, abhängig vom Einsatzstichwort, darüber im Klaren sein, welche weiteren Einheiten die Einsatzstelle anfahren und welche Kräfte alarmiert werden. Während bei einer Berufsfeuerwehr die Funktionsstärken bereits zu Dienstbeginn feststehen, muss der Zugführer bei Freiwilligen Feuerwehren bei jeder Alarmierung die Verfügbarkeit der Kräfte und der zur Verfügung stehenden Einheiten neu erfassen und bewerten.

- **Einsatzstichwort:** z.B. TH 2 – Pklemm BAB (Technische Hilfeleistung, Alarmstufe 2, Person eingeklemmt auf einer Bundesautobahn)
- **Ergänzende Informationen:** z.B. vermutlich drei Verletzte (Klartextmeldung)

- **Alarmierte Einheiten:** z.B. Einsatzleitungsdienst, Einsatzführungsdienst, Rüstzug, 3 Rettungswagen, 1 Notarzteinsatzfahrzeug, Hilfeleistungslöschgruppenfahrzeug 10 der Freiwilligen Feuerwehr (Einsatzmittelkette)

4.2 Ausrücken und Anfahrt zur Einsatzstelle

4.2.1 Ausrücken mit der taktischen Einheit „Zug"

Auf Grundlage der dem Zugführer durch die Alarmierung übermittelten Informationen muss dieser bereits auf der Anfahrt zur Einsatzstelle den Einsatz planen und bestmöglich vorausdenken.

So werden je nach Meldebild und anschließender Einsatzmitteldisposition gemäß der definierten Alarm- und Ausrückeordnung die entsprechenden Einheiten zur Gefahrenabwehr alarmiert und zur Einsatzstelle entsandt.

Dies ist bei Brandeinsätzen in der Regel der klassische Löschzug (z.B. bestehend aus einem Einsatzleitwagen 1, einem Hilfeleistungslöschgruppenfahrzeug 20, einer Drehleiter 23/12 und einem Löschgruppenfahrzeug 20) oder beispielsweise bei technischen Hilfeleistungen größeren Umfanges ein Rüstzug (z.B. bestehend aus einem Einsatzleitwagen 1, zwei Hilfeleistungslöschgruppenfahrzeugen 20 sowie einem Rüstwagen). Je nach Aufbauorganisation der jeweiligen Feuerwehr können die Fahrzeugkonstellation und die Fahrzeugtechnik erheblich variieren.

Es besteht weiterhin ein Unterschied zwischen der geschlossenen Anfahrt im Zugverband, wie sie beispielsweise bei Berufsfeuerwehren häufig üblich ist, und dem zeitversetzten Ausrücken der Fahrzeuge aus unterschiedlichen Standorten, was bei ehrenamtlichen Einheiten in der Regel der Fall ist. Die jeweilige Ausrückefolge muss dabei im Vorfeld durch eine fundierte Einsatzplanung festgelegt sein, was auch unter anderem zu einem geordneten Einsatzablauf an der Einsatzstelle beiträgt.

4.2.2 Anfahrt zur Einsatzstelle und Informationsgewinnung auf der Anfahrt

Es ist weiterhin die Aufgabe des Zugführers, wenn es die Einsatzlage erfordert, bereits auf der Anfahrt zur Einsatzstelle erste taktische Entscheidungen zu treffen und diese zu kommunizieren.

So kann es beispielsweise in einer engen Wohnsiedlung erforderlich sein, dass die im Zug mitgeführte Drehleiter als erstes in die Straße einfährt, um diese an der Einsatzstelle optimal einsetzen zu können, oder dass ein Seilwindenfahrzeug bei einem Verkehrsunfall gegebenenfalls bereits beim Eintreffen an der Einsatzstelle vorgezogen wird, sodass die maschinelle Zugeinrichtung auch bei Bedarf durch eine taktisch sinnvolle Fahrzeugaufstellung zur Anwendung kommen kann.

Diese Überlegungen können jedoch nur umgesetzt werden, wenn der Zugführer bereits auf der Anfahrt die Kommunikation mit den unterstellten Einheitsführern sicherstellt. Hierzu ist es erforderlich, dass die Kommunikationsmittel aller Fahrzeugführer bereits auf der Anfahrt eingeschaltet und somit genutzt werden können.

Zusätzlich kann sich der Zugführer oftmals bereits auf der Anfahrt weitergehende Informationen zunutze machen, die im weitesten Sinne bereits der Erkundung dienen. Ein Instrument hierzu ist beispielsweise der Feuerwehrplan von Sonderobjekten, aus welchem bereits auf der Anfahrt eine Vielzahl von Informationen zum Objekt entnommen werden kann, wie beispielsweise die Lage der Hauptzufahrt, der Standort des Feuerwehrschlüsseldepots, die Lage der Feuerwehrinformationszentrale, Feuerwehrbewegungsflächen oder Löschwasserentnahmestellen.

Abbildung 7:
Digitale Handsprechfunkgeräte (HRT) am Sitzplatz des Fahrzeugführers eines Hilfeleistungslöschgruppenfahrzeuges. Sie dienen bereits auf der Anfahrt zur Sicherstellung der Kommunikation mit dem Zugführer
(Quelle: Christian Meyer)

■ Einsatzbeispiel

Die Leitstelle alarmiert an einem Samstagnachmittag die Feuerwehr Musterstadt mit dem Einsatzstichwort „Brand 2 – Zimmerbrand" in die Sedanstraße 81. Der mit dem Einsatzleitwagen ausrückende Zugführer kann auf seinem Tablet-PC im Stadtplan erkennen, dass sich das gemeldete Objekt am Ende einer Sackgasse befindet. Daher gibt er bereits auf der Anfahrt über Sprechfunk den Fahrzeugführerinnen und -führern den Befehl, die mit anfahrende Drehleiter des Löschzuges als erstes in die betreffende Straße einfahren zu lassen. Der sich ebenfalls auf der Anfahrt befindende Rettungsdienst wird über Funk angewiesen, nicht in die Straße einzufahren und vor der Straße in Bereitstellung zu gehen.

■ Einsatzbeispiel

Die Leitstelle alarmiert die Feuerwehr Musterstadt mit dem Einsatzstichwort „TH 2 – Pklemm" (Technische Hilfeleistung, Alarmstufe 2, Person eingeklemmt nach Verkehrsunfall) auf die Bundesautobahn 8 in Höhe Autobahnkilometer 123,5 in Fahrtrichtung Musterstadt. Der Zugführer, der sich mit seinem Rüstzug auf der Anfahrt befindet, gibt dem Fahrzeugführer des zweiten Hilfeleistungslöschgruppenfahrzeuges über Funk den Befehl, die Vorsicherung zur Einsatzstellenabsicherung bereits in Höhe des Autobahnkilometers 124,5 auf dem Standstreifen zu setzen. Weiterhin weist er den Rettungsdienst über Funk an, beim Eintreffen mit den Fahrzeugen möglichst vor die Einsatzstelle zu ziehen, um eine spätere Abfahrt der Rettungsmittel zu gewährleisten.

Sollte die Leitstelle bis zum Eintreffen der Einsatzkräfte am Einsatzort weitere relevante Informationen zum Schadensereignis erlangen, wird sie diese den sich noch auf der Anfahrt befindenden Einsatzkräften in der Regel auch über Funk mitteilen. Auch diese Informationen muss der Zugführer dann wiederum bereits zu diesem Zeitpunkt bewerten und Folgerungen hiervon ableiten.

4.2.3 Vorläufige Fahrzeugaufstellung

Der Regelfall ist, dass die Einsatzstelle beim Eintreffen des Zugführers noch nicht ausreichend erkundet ist, sodass hierzu erst in die Einsatzstelle vorgegangen werden muss. Aufgrund der zu diesem Zeitpunkt noch unzureichenden Informationen zur Schadenslage und der noch ausstehenden Lagebeurteilung sowie der Planung der erforderlichen Einsatzmaßnahmen kann zu diesem Zeitpunkt oft noch nicht die optimale endgültige Fahrzeugaufstellung festgelegt werden. Eine vorschnelle endgültige Fahrzeugaufstellung kann dazu führen, dass bei weiteren Erkenntnissen während der Erkundung wichtige Handlungsoptionen für die taktisch beste Fahrzeugaufstellung eingeschränkt werden.

Daher muss sich der Zugführer, je nach Einsatzlage, die Frage stellen, ob eine vorläufige Fahrzeugaufstellung bis zum Abschluss der ersten Erkundung

Sinn macht und diese, wenn erforderlich, frühzeitig befehlen. Dieses Vorgehen dient im weiteren Sinn auch der frühzeitigen Ordnung des Raumes an der Einsatzstelle.

Sollten bei dem Eintreffen an der Einsatzstelle bereits Informationen vorliegen, dass es sich um ein Schadensereignis mit Gefahrgutbeteiligung handelt, ist nach den Vorgaben der Feuerwehrdienstvorschrift 500 (FwDV 500) zuerst ein Mindestabstand von 50 Metern einzuhalten, was bei der Fahrzeugaufstellung ebenfalls zu berücksichtigen ist.

4.3 Selbstkontrolle und Testfragen

(Lösungen siehe Seite 83)

1. Was ist unter dem taktischen Einsatzwert eines Zuges zu verstehen?

a) Die Anzahl der eingesetzten Fahrzeuge.
b) Der taktische Einsatzwert eines Zuges ergibt sich aus dem Verhältnis der zur Verfügung stehenden Mannschaft und Einsatzmittel zur vorliegenden Schadenslage bzw. Schadensart.
c) Der taktische Einsatzwert sagt grundsätzlich aus, wie lange ein Zug an einer Einsatzstelle eingesetzt werden kann.

2. Welche Einsatzformen für den Einsatz eines Zuges sind Ihnen bekannt?

a) Nebeneinander und getrennt.
b) Ein Zug kann nur zusammen eingesetzt werden.
c) Es werden keine genauen Einsatzformen beschrieben.
d) Getrennt, nebeneinander, geschlossen und hintereinander.
e) Getrennt, nebeneinander und hintereinander.

3. Was bedeutet der Begriff „eigene Lage"?

a) Die eigene Lage beschreibt die Verfassung des jeweiligen Zugführers.
b) Die eigene Lage beschreibt die vorhandenen Ressourcen des Zugführers im Hinblick auf das Personal sowie die zur Verfügung stehenden Einsatzmittel.
c) Die eigene Lage beschreibt die Möglichkeiten zur Einsatzbewältigung.
d) Gibt lediglich die Gesamtmenge des mitgeführten Löschwassers innerhalb eines Löschzuges an.

4. Wozu dient die vorläufige Fahrzeugaufstellung?

a) Sie dient dazu, sich nicht vorschnell Handlungsoptionen zu verbauen und eine optimale endgültige Fahrzeugaufstellung nach der Erkundung der Einsatzstelle zu gewährleisten.
b) Als Bereitstellungsraum für nachrückende Einheiten.
c) Im weiteren Einsatzverlauf zur Möglichkeit der Ordnung des Raumes.
d) Sie wird nur angewandt bei zeitunkritischen Einsätzen.

5. Wozu kann ein Feuerwehrplan bereits auf der Anfahrt zur Einsatzstelle genutzt werden?

a) Zur Informationsgewinnung durch den Zugführer im Führungsfahrzeug.
b) Ein Feuerwehrplan kann erst an der Einsatzstelle genutzt werden.
c) Dem Feuerwehrplan können bereits auf der Anfahrt wichtige Objektinformationen entnommen werden.
d) Der Feuerwehrplan kann sozusagen bereits zur „Erkundung" des Objektes auf der Anfahrt genutzt werden.

5 Lagefeststellung

Die Lagefeststellung und somit die Erkundung der Einsatzstelle ist letztendlich der erste Teil des Führungsvorganges gemäß der FwDV 100. Bei der Erkundung sind durch den Zugführer wichtige Informationen zum Schadensereignis sowie zu den eigenen Möglichkeiten zur Schadensabwehr zu sammeln. Die Phase der Erkundung kann dabei, je nach Einsatzlage, unter enormem Zeitdruck ablaufen, sodass diese zur Steigerung der Effektivität möglichst strukturiert ablaufen muss. Die Erkundung ist letztendlich die Grundlage zur Beurteilung der Schadenslage. Sie stellt die Basis der Einsatzplanung innerhalb des Führungsvorganges dar und ist zwingend erforderlich zur Planung zielführender Gefahrenabwehrmaßnahmen. Die Lage an einer Einsatzstelle wird entscheidend von dem vorliegenden Schadensereignis und der daraus resultierenden Gefahrenlage beeinflusst. Zudem spielen der Ort, die Zeit und die Wetterbedingungen eine wichtige Rolle, ebenso wie die verfügbaren Möglichkeiten zur Schadenbeseitigung und Gefahrenabwehr.

Die Erkundung an der Einsatzstelle kann dabei vom Zugführer eigenständig durchgeführt werden oder unter Einbeziehung der ihm unterstellten Fahrzeugführer und/oder Führungsassistenten durch die Erteilung von Erkundungsaufträgen erfolgen.

Bei der Lagefeststellung ist durch den Zugführer laufend zu erkunden und zu beurteilen, ob der Umfang der ihm vorliegenden Informationen für eine Beurteilung, Einsatzplanung, Entschlussfassung und letztendlich eine Befehlsgebung ausreicht. Das dominierende Ziel der Lagefeststellung ist die Klärung der Frage, ob Menschenleben in Gefahr sind.

Hinweis: Die erste Lagefeststellung ist die Basis für die weitere Beurteilung der Lage und weitere Einsatzplanung und somit extrem wichtig für den gesamten Einsatzerfolg.

5.1 Sicht auf der Anfahrt/Erste Lagemeldung auf Sicht

Bereits auf der Anfahrt ist es oftmals möglich, neben den Informationen der Alarmierung erste Erkenntnisse zum Schadensbild zu erlangen. So kann zum Beispiel bei einem größeren Brandereignis bereits eine Rauchentwicklung über der Einsatzstelle aus der Ferne sichtbar sein. Weiterhin ist es zum Beispiel möglich, bereits beim Eintreffen aus dem noch anfahrenden Einsatzleitwagen eine Gefahrgutkennzeichnung eines bei einem Verkehrsunfall beteiligten Lastkraftwagens zu erkennen.

Abbildung 8: Erste Sicht auf die Einsatzstelle beim Eintreffen des Zugführers. Rauchentwicklung aus einem Mehrfamilienhaus (Quelle: Feuerwehr Soest)

Solche relevanten Informationen sollten mit einer sogenannten „Ersten Lagemeldung auf Sicht" beim Eintreffen der Zugführung bereits an die Leitstelle übermittelt werden. Ein großer Vorteil des Sprechfunkverkehrs ist dabei, dass weitere sich auf der Anfahrt befindende Fahrzeugführer diese Eintreffmeldung mithören und sich auf den sie zu erwartenden Einsatz entsprechend besser vorbereiten können. Unrelevante Informationen sind dabei zwecks Entlastung des Funkverkehres grundsätzlich nicht zu übermitteln.

Hinweis: Der Zugführer bewertet bereits auf der Anfahrt alle bis dahin vorliegenden Informationen und beginnt somit die Lagefeststellung vor dem Eintreffen an der Einsatzstelle.

5.2 Erkundung an der Einsatzstelle

5.2.1 Phasen der Erkundung

Um eine strukturierte und möglichst effektive Erkundung nach dem Eintreffen an der Einsatzstelle durchzuführen, ist diese in mehrere Phasen zu unterteilen. Die Erkundung kann dabei in folgende vier Phasen gegliedert werden.

- **Phase 1: Frontalansicht**

Das bereits schon bei der Anfahrt gewonnene Lagebild wird durch die Frontalansicht beim Aussteigen des Zugführers aus seinem Führungsfahrzeug weiter vervollständigt. Der Zugführer erfasst dabei beispielsweise die Hausfassade eines Schadensobjektes und erkundet diese auf erkennbare Schadensmerkmale, wie Rauchaustritt aus Fenstern, Feuerschein oder gefährdete Personen, die sich bemerkbar machen. Bei einem Verkehrsunfall ist die Frontalansicht der erste Blick auf die Einsatzstelle, bei dem es ebenfalls darum geht, die vorgefundene Situation möglichst schnell und umfänglich zu erfassen.

Im Falle eines Brandeinsatzes ist bei der Frontalansicht insbesondere auf folgende Merkmale zu achten:

- Welche Bauweise, Bauart und Nutzung weist das Brandobjekt auf?
- Machen sich Personen an Fenstern des Gebäudes bemerkbar?
- Sind Fenster des Gebäudes geschlossen oder offen?
- Ist ein Rauchaustritt an der Gebäudefassade zu erkennen?
- Welche Brandintensität (Feuer, Rauch) liegt vor?
- Welches Rauchbild ist wahrnehmbar? (Strömungspfade erkennbar? Liegt ein ventilationsgesteuerter Brand vor?)
- Besteht die Gefahr eines Brandüberschlages in weitere Geschosse?
- Ist Licht in Wohnungen zu erkennen?
- Wo befinden sich die Zugänge (Haupteingang, Nebeneingänge, Kellerabgang) des Brandobjektes?
- Sind Zugangsmöglichkeiten über geöffnete oder unverschlossene Türen oder Fenster vorhanden?
- Besteht eine bauliche Verbindung zu Nachbarobjekten?
- Wo befindet sich der Treppenraum (Flucht-, Angriffs- und Rettungsweg) des Gebäudes?

Frontalansicht bei Einsätzen der technischen Hilfeleistungen:

- Sind Schäden an Gebäuden, Maschinen, Anlagen oder Fahrzeugen unmittelbar sichtbar?
- Welche Art und Anzahl von beteiligten Fahrzeugen liegen vor?
- Wie ist die Verkehrssituation an der Einsatzstelle?
- Welche räumliche Ausdehnung hat die Einsatzstelle?

Frontalansicht bei ABC-Einsätzen:

- Ist eine Gefahrgutkennzeichnung in Form von Gefahrnummern, Stoffnummern oder Gefahrzetteln zu erkennen?
- Befinden sich Personen im Gefahrenbereich?
- Sind kontaminierte Personen an der Einsatzstelle zu erkennen?
- Wird Gefahrstoff freigesetzt und wenn ja, wie groß ist die Freisetzungsrate?
- Wie ist die Ausbreitungsrichtung des Gefahrstoffes?

- Besteht die Gefahr des Eindringens des Gefahrstoffes in das Erdreich, in Gewässer oder die Umgebungsatmosphäre?
- Wo befinden sich Einläufe der Kanalisation, tiefergelegene Räume oder Versorgungsleitungen?

■ Phase 2: Befragung von Personen

Wenn die Möglichkeit besteht, Personen an der Einsatzstelle zu befragen, die relevante Informationen zur Schadenslage oder zum Schadensobjekt liefern können, sollten diese gezielt im Rahmen der Erkundung angesprochen werden. Die Befragung dient dabei zur Gewinnung von wichtigen Detailinformationen, die auf den ersten Blick oft nicht zu erkennen sind. Hierdurch kommt der Personenbefragung seine sehr wichtige Rolle der Informationsgewinnung an einer Einsatzstelle zu.

Bei der Befragung von Personen sind klar formulierte und eindeutige Fragen zu verwenden.

Beispiele für Fragestellungen an beteiligte Personen können sein:

- Was ist passiert?
- Wo ist es passiert?
- Sind Sie selber verletzt oder betroffen?
- Sind Personen vermisst und wenn ja, wo halten sich diese Personen auf?
- Wo sind Personen zuletzt gesehen worden?
- Wie viele Personen halten sich dort auf?
- Wie alt sind die Personen und welche Handicaps haben diese gegebenenfalls?
- Wie gelange ich auf dem kürzesten Weg zu den Personen (Angriffs- und Rettungswege?)
- Gibt es einen weiteren Weg? (Sind alternative Angriffs- und Rettungswege vorhanden?)
- Wie viele Wohnungen gibt es in dem Objekt?
- Wo werden Personen vermutet?

Hinweis: Bei der Erkundung angetroffene, betroffene Personen sind grundsätzlich zu betreuen. Ist dies lagebedingt zu diesem Zeitpunkt noch nicht möglich, ist die Betreuung schnellstmöglich auf geeignete Weise sicherzustellen.

■ Phase 3: Vorgehen in den Eingangsbereich/Innenansicht

Das Vorgehen in den Eingangsbereich von Schadensobjekten dient der Vervollständigung der Lagefeststellung und zum Erlangen einer Innenansicht. Hierbei können oftmals sehr wichtige Erkundungsergebnisse erzielt werden, die für die weitere Einsatzplanung entscheidend sein können.

So ist es bei Brandeinsätzen in Gebäuden von entscheidender Bedeutung, ob der Treppenraum (baulicher Rettungsweg) verraucht oder noch rauchfrei ist. Bei Einsätzen der technischen Hilfeleistung kann als Innenansicht der Gang in die Einsatzstelle verstanden werden. Hierbei kann so zum Beispiel in das Innere von Maschinen, Schächten oder verunfallten Personenkraftwagen gesehen werden. Diese Phase der Erkundung dient daher der weiteren detaillierten Betrachtung des Schadensereignisses.

Punkte zur Erkundung bei Brandeinsätzen:

- Erkundung des Eingangsbereiches des Objektes
- Ist der Treppenraum des Gebäudes verraucht oder rauchfrei?
- In welchem Geschoss befindet sich bei Rauch im Treppenraum die Rauchgrenze?
- Aus welchem Material ist die Treppe?
- Welche Nutzung weist das Schadensobjekt auf?
- Welcher Bauart sind die Wohnungseingangstüren?
- Sind brandschutztechnische Einrichtungen vorhanden, wie trockene Steigleitungen, Rauch- und Wärmeabzüge oder Brandschutztüren?
- Wo liegen welche Räume?
- Befinden sich Wohnungen im Keller oder Dachgeschoss?
- Wo liegt der Hausanschlussraum?

Punkte zur Erkundung bei Einsätzen der technischen Hilfeleistung:

- Blick in das Innere von Gebäuden, Fahrzeugen, Maschinen oder Anlagenteilen
- Befinden sich noch Personen in Fahrzeugen?
- Sind Personen eingeschlossen oder sogar eingeklemmt?
- Sind die Personen ansprechbar oder bewusstlos?
- Kann der Schweregrad der Verletzung bereits eingeschätzt werden (Rücksprache mit Rettungsdienst erforderlich)?
- Sind sichtbare Schäden an Gebäuden, Maschinen, Anlagen oder Fahrzeugen zu erkennen?
- Sind Ladungen oder Lagergut zu erkennen?
- Sind Versorgungsleitungen zu erkennen (Strom, Wasser, Gase, Hydraulik usw.)?

Punkte zur Erkundung bei ABC-Einsätzen:

- Ist eine Gefahrgutkennzeichnung sichtbar?
- In welchen Mengen liegt der Gefahrstoff vor?
- Welchen Aggregatzustand und welche Eigenschaften weist der Gefahrstoff auf?
- Sind UN-Nummern, Gefahrzettel oder Produktnamen bekannt oder sichtbar?
- Sind Transportpapiere oder Sicherheitsdatenblätter vorhanden und/oder zugänglich?
- Tritt Gefahrstoff aus?
- Wie hoch ist die Freisetzungsrate bei Gefahrstoffaustritten?
- Ist ein Abdichten der Leckage oder ein Auffangen des Gefahrstoffes möglich?
- Liegen Informationen zur Art, Ursache sowie zum Umfang des Schadensereignisses vor?
- Ist eine chemische Reaktion erkennbar oder zu erwarten?

All die hier aufgeführten Punkte können aufgrund der oftmals vorherrschenden Komplexität von Schadensereignissen nicht abschließend sein und stellen daher lediglich eine Orientierung für den Zugführer bei seiner Erkundung dar. Sie müssen je nach Einsatzlage natürlich individuell ergänzt werden, bis eine ausreichende Erkundung durchgeführt worden ist.

Hinweis: Aus Gründen des Eigenschutzes dürfen die Führungskräfte bei der Erkundung im Eingangsbereich von Gebäuden, in Treppenräumen oder Fluren nur unter gebührender Berücksichtigung des Eigenschutzes bis zur Rauchgrenze vorgehen. Dies gilt ebenfalls bei Einsätzen zur technischen Hilfeleistung und gerade bei ABC-Einsätzen. Der Zugführer sowie die unterstellten Führungskräfte dürfen daher nur bis zur Grenze des Gefahrenbereiches erkunden. Die Grenze des Gefahrenbereiches ist im Rahmen der Beurteilung sowie Einsatzplanung durch den Zugführer möglichst frühzeitig festzulegen und klar zu benennen.

■ Phase 4: Gesamtüberblick

Zur Verschaffung eines Gesamtüberblickes über die Schadenslage ist es erforderlich, dass sich der Zugführer in der Einsatzstelle bewegen und dabei auch eine Position mit Abstand einnehmen kann. Es ist dabei wichtig, dass er sich durch die Eindrücke der Einsatzlage nicht „überwältigen" lässt und während des gesamten Einsatzes letztendlich jederzeit den Gesamtüberblick behält.

- Frühzeitige Verschaffung eines Gesamtüberblickes durch den Zugführer
- Perspektive wechseln und Einsatzstelle aus etwas Distanz überblicken oder von einer höheren Position betrachten, wenn möglich

Merkregel: Acht Seiten der Erkundung. Da eine Einsatzstelle möglichst vollumfänglich und strukturiert erkundet werden muss, kann als Merkregel der **„Erkundungswürfel"** verwendet werden.

Die acht Seiten der Erkundung ergeben sich aus:

1. **„Allen sechs Seiten des Würfels"**,
2. der **„Innenansicht"** und
3. der **„Gesamtübersicht"**.

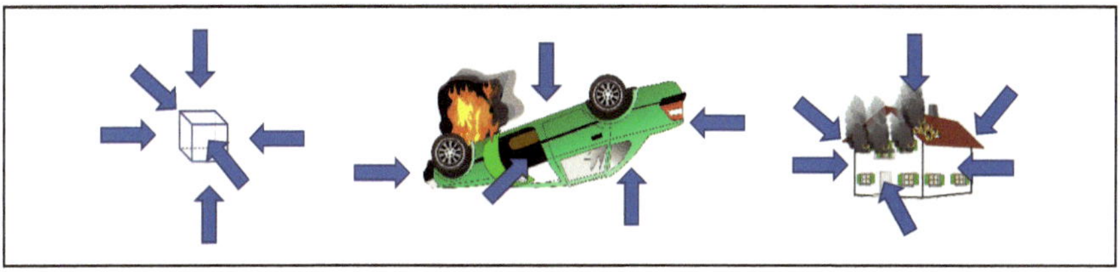

Abbildung 9: Der „Erkundungswürfel" steht für die „Acht Seiten der Erkundung" und soll als Merkregel dienen. Diese Merkregel kann auf viele Einsatzstellen übertragen werden, um eine strukturierte Erkundung durchzuführen (Quelle: Christian Meyer)

5.2.2 Erkundung durch den Zugführer

Der Zugführer ist grundsätzlich bei seinem Einsatz für die Erkundung verantwortlich, da diese die weitere Grundlage innerhalb der Einsatzplanung für die Lagebeurteilung und Entscheidungsfindung darstellt.

Er kann die Erkundung dabei, gerade an unübersichtlichen Einsatzstellen, oftmals nicht alleine durchführen. Sollte ihm je nach Organisationsform bereits beim Eintreffen an der Einsatzstelle eine Führungsassistenz (Führungsassistent oder Führungsgehilfe) zur Verfügung stehen, ist es sinnvoll, diese bereits zu dem Zeitpunkt mit in die Erkundung einzubeziehen.

Definition Führungsassistent: Ein Führungsassistent unterstützt den Einsatzleiter aktiv bei der Koordination und Organisation des Einsatzes. Er übernimmt Aufgaben wie die Erfassung von Lageinformationen, die Dokumentation, die Kommunikation mit Einsatzkräften und die Unterstützung bei der Einsatzleitung. Der Führungsassistent weist selber eine Führungsausbildung auf und kann daher eigenständig bestimmte Führungsaufgaben übernehmen, um den Einsatzleiter zu entlasten.

Definition Führungsgehilfe: Ein Führungsgehilfe ist eine unterstützende Person, die dem Einsatzleiter oder Führungsdienst assistiert, ohne selbst eine eigenständige Führungsfunktion zu übernehmen.

Seine Aufgaben sind eher unterstützender Natur, beispielsweise das Bereitstellen von Materialien, das Überwachen von bestimmten Bereichen oder das Überbringen von Nachrichten.

5.2.3 Erkundung unter Einbeziehung von unterstellten Führungskräften

Der Zugführer kann aber auch die ihm unterstellten Gruppenführer zur Erkundung der Einsatzstelle mit einbeziehen. Ob dies erforderlich ist, ist stark abhängig von der Komplexität der Schadenslage oder beispielsweise der räumlichen Ausdehnung. Sollten durch den Zugführer weitere Führungskräfte zur Erkundung eingesetzt werden, sind hierzu klare Erkundungsaufträge zu erteilen. Weiterhin ist dabei zu beachten, dass die jeweiligen Fahrzeugführer möglichst auch die Bereiche der Einsatzstelle erkunden, wo sie später mit ihrer Mannschaft eingesetzt werden.

Beispiel:

„Gruppenführer HLF 20, Sie erkunden den rückwärtigen Lagerhallenbereich auf Schadensmerkmale, gefährdete Personen sowie Zugänge und Aufstellflächen für die Drehleiter.“

„Gruppenführer LF 20, Sie erkunden die möglichen Zugänge der Lagerhalle im vorderen Bereich sowie die dortige Lage der Hydranten auf dem Betriebsgelände.“

„Rückmeldung an mich!“

Abbildung 10:
Ausgedehnte Einsatzstelle nach einem Unwetterereignis, welche eine umfangreiche Erkundung durch den Zugführer erforderlich macht
(Quelle: Feuerwehr Soest)

Hinweis: Im Feuerwehralltag gleichen sich auf den ersten Blick viele Einsatzsituationen, was keinesfalls zu einer nur oberflächlich durchgeführten Lagefeststellung führen darf. Denn bei genauerer Betrachtung sind an Einsatzstellen häufig Kleinigkeiten anders, welche eine komplett andere Vorgehensweise erforderlich machen können. Die Erkundung ist die Grundlage für weitere Entscheidungsfindungen und muss daher trotz oftmals vorherrschenden Zeitdruckes möglichst gewissenhaft durchgeführt werden. Eine umfassende und gewissenhafte Lagefeststellung durch den Zugführer ist daher unumgänglich und die Voraussetzung für den Einsatzerfolg.

5.3 Selbstkontrolle und Testfragen

(Lösungen siehe Seite 83)

1. Welchem Zweck dient die erste Lagemeldung auf Sicht?

a) Sie dient der ersten Rückmeldung an die Leitstelle und gleichzeitig sich noch auf der Anfahrt befindlichen Einheiten.
b) Sie erfüllt keinen relevanten Zweck und kann entfallen.
c) Sie dient einer ersten Bestätigung oder Entkräftung des übermittelten Meldebildes der Alarmierung.
d) Sie dient der Dokumentation des Einsatzgeschehens.

2. In welche Phasen kann die Erkundung grob eingeteilt werden?

a) Die Erkundung kann nicht in einzelne Phasen eingeteilt werden.
b) Frontalansicht, Personenbefragung, Vorgehen in Eingangsbereichen/Innenansicht, Gesamtüberblick.
c) In die Frontalansicht beim Eintreffen des Zugführers und den Gesamtüberblick.
d) Frontalansicht, Personenbefragung und dem Vorgehen in Eingangsbereichen/Innenansicht.

3. Wen kann der Zugführer sinnvollerweise zur Erkundung mit einsetzten?

a) Die Maschinisten aller Löschgruppenfahrzeuge des Löschzuges.
b) Die ihm unterstellten Fahrzeugführer.
c) Die Gruppenführer.
d) Den Wassertrupp des ersten Hilfeleistungslöschgruppenfahrzeuges des Löschzuges.
e) Den Dienstgruppenleiter der örtlichen Polizeiwache.

4. Welche Bedeutung hat die Erkundung für den Einsatz der Feuerwehr?

a) Der Erkundung kommt nur eine untergeordnete Rolle zu, entscheidend sind die Einsatzmaßnahmen.
b) Die Erkundung als Bestandteil des Führungsvorganges ist die Basis für die weitere Einsatzplanung.
c) Die Erkundung kann im Erstangriff vernachlässigt werden.
d) Die Erkundung hat für den gesamten Einsatzverlauf eine große Bedeutung und muss daher möglichst strukturiert und gewissenhaft erfolgen.

5. Wie ist eine Personenbefragung im Rahmen der Erkundung durchzuführen?

a) Bei der Personenbefragung sind klar formulierte Fragen zu stellen.
b) Die Personenbefragung sollte möglichst mit eindeutigen Fragen erfolgen.
c) Die Personenbefragung sollte möglichst strukturiert durchgeführt werden.
d) Personenbefragungen dürfen an der Einsatzstelle nur durch die Polizei erfolgen.

6 Einsatzplanung

6.1 Beurteilung und Entschluss

Nachdem durch die zuvor durchgeführte Lagefeststellung ausreichende Informationen gesammelt wurden, um diese analysieren und beurteilen zu können, erfolgt die sogenannte Einsatzplanung. Während der Einsatzplanung durchläuft der Zugführer gedanklich den zweiten „Block" des Führungsvorganges. Die Einsatzplanung ist gemäß dem Führungsvorgang der FwDV 100 in zwei Abschnitte unterteilt – erstens die **Beurteilung** und zweitens den **Entschluss.**

Abbildung 11: Kreismodell des Führungsvorganges gemäß FwDV 100. Die Einsatzplanung ist hierin ein entscheidender Baustein, welcher auf der Basis der Lagefeststellung basiert (Quelle: Christian Meyer)

Folgerichtig hat der Zugführer erst eine Beurteilung der Schadenslage auf Grundlage der durchgeführten Erkundung durchzuführen, bevor er im nächsten Schritt den Entschluss fassen kann. Innerhalb dieser Planung muss er strukturiert für sich nachfolgende Fragen beantworten.

1. **Welche Gefahren** wurden erkannt für Menschen, Tiere, Umwelt und Sachwerte?
2. **Welche Gefahr** muss **zuerst** und an **welcher Stelle** bekämpft werden?
3. **Welche taktischen Möglichkeiten** (Angriff, Verteidigung, in Sicherheit bringen, Rückzug) zur Gefahrenabwehr sind geeignet und sinnvoll?
4. **Welche technischen Möglichkeiten** (Auswahl nach Schnelligkeit, Aufwand, Sicherheit, Umweltverträglichkeit und Nebenwirkungen) zur Gefahrenabwehr stehen zur Verfügung und sind geeignet?
5. **Welche Vor- und Nachteile** haben die einzelnen Möglichkeiten?
6. **Welche Möglichkeit** zur Gefahrenabwehr ist demnach die **beste**?

Nach der Auswahl der geeigneten Einsatztaktik sowie der Auswahl der am geeignetsten erscheinenden technischen Möglichkeiten zur Gefahrenabwehr ist das „Konzept" zur Durchführung der Einsatzmaßnahmen erstellt und mündet somit in den Entschluss. Der Entschluss ist die Entscheidung über die Art der Einsatzdurchführung. Er ist das folgerichtige Ergebnis der Beurteilung der Lage und daraus resultierender Planung der erforderlichen Gefahrenabwehrmaßnahmen. Im Entschluss spiegelt sich somit die Einsatzplanung wider.

Durch das Fassen des Entschlusses steht fest:

- Welches Einsatzziel erreicht werden soll
- Welche Maßnahmen hierfür notwendig sind
- Der hierfür erforderliche Kräfteansatz
- Die zum Einsatz kommenden Einsatzmittel
- An welchem Ort die Maßnahmen wirksam werden sollen
- Der zu formulierende Befehl an die unterstellten Gruppenführer

6.2 Endgültige Fahrzeugaufstellung und Ordnung des Raumes

Beim Einsatz eines Zuges kommt der Ordnung des Raumes eine wesentliche Bedeutung zu, da – anders als beim Einsatz nur einer Löschgruppe – wesentlich mehr Einsatzmittel und Einsatzkräfte zum Einsatz kommen. Die endgültige Fahrzeugaufstellung ist dabei ein entscheidendes Kriterium, sodass diese mit Bedacht gewählt werden sollte. Insbesondere Fahrzeuge mit einem hohen einsatztaktischen Wert in Bezug auf die Einsatzlage müssen richtig positioniert werden, um diese effektiv einsetzen zu können. So ist beispielsweise bei einem Brand in einem Mehrfamilienhaus der Aufstellort der Drehleiter von großer Bedeutung, um hiermit den zweiten Rettungsweg für die Nutzer des Gebäudes sicherzustellen.

Abbildung 12: Endgültige Fahrzeugaufstellung einer Drehleiter nach taktischen Gesichtspunkten zur Brandbekämpfung mittels Wenderohr (Quelle: Feuerwehr Soest)

Bei der Fahrzeugaufstellung an der Einsatzstelle sind Grundsätze zu beachten, die der Ordnung des Raumes sowie der Minimierung der Gefahren für die Einsatzkräfte dienen. Dies sind unter anderem:

- Fahrzeuge sind außerhalb von Gefahrenbereichen aufzustellen
- Fahrzeuge des Rettungsdienstes müssen ungehindert die Einsatzstelle an- und abfahren können
- Einsatzmittel wie tragbare Leitern, technisches Gerät, Schläuche usw. müssen ungehindert von Fahrzeugen entnommen und abgelegt werden können
- Die Manövrierfähigkeit und der Rückzug der eigenen Fahrzeuge müssen sichergestellt sein. Hierzu ist möglichst nicht in enge Hinterhöfe und Sackgassen einzufahren (**Ausnahme:** Hubrettungsfahrzeuge). Die gegenseitige Behinderung durch die eigenen Fahrzeuge ist möglichst auszuschließen
- Die Fahrzeuge sollten so aufgestellt werden, dass sie auf der Straßenseite des Schadensobjektes stehen, wenn nötig auch entgegen der Fahrtrichtung
- Die Verkehrsabsicherung ist mindestens mittels Blaulicht, Fahrlicht sowie Warnblinkanlage vorzunehmen.
- Bei der Wahl der Fahrzeugposition sind der Trümmerschatten von Gebäuden und die Windrichtung zu beachten
- Nachrückende Einheiten warten in ausreichender Entfernung zur Einsatzstelle und melden sich bei der Einsatzleitung persönlich oder über Funk an

Bei der Wahl der Fahrzeugaufstellung für das Führungsfahrzeug des Zugführers sind zudem folgende Aspekte zu berücksichtigen:

- Der Zugführer muss das Fahrzeug schnell erreichen können
- Führungsfahrzeuge sind grundsätzlich mit genügend Abstand zur Einsatzstelle aufzustellen, beispielsweise auf Nachbargrundstücken oder Nebenstraßen, um die Einsatzstelle nicht zu blockieren
- Erforderliche Funkverbindungen zu weiteren Führungskräften, Einheiten und der Leitstelle müssen hergestellt und unterhalten werden können

Das Führungsfahrzeug selbst sollte als Ort der Einsatzleitung gut erkennbar sein, mittels einer entsprechenden Beschriftung und einer aktivierten roten Blitzleuchte.

Abbildung 13: Lagedarstellung an einem ELW. Der Standort des Führungsfahrzeuges ist so zu wählen, dass von dieser Stelle aus der Blick auf die Einsatzstelle möglich ist (Quelle: Christian Meyer)

■ Bereitstellungs- und Verfügungsraum

In einem Bereitstellungsraum werden Einsatzkräfte und ihre Einsatzmittel für den unmittelbar bevorstehenden Einsatz gesammelt, gegliedert sowie bereitgestellt oder in Reserve gehalten.

Die Festlegung eines Bereitstellungsraumes kann gerade in der Frühphase eines Einsatzes von großer Bedeutung sein, um sich die Einsatzstelle nicht unnötig zu blockieren. Ein Beispiel für das Erfordernis ist aber auch ein Betriebsgelände mit mehreren Zufahrten, bei dem erst nach der Lagefeststellung durch die Zugführung die sinnvollste Einfahrt festgelegt werden kann. Durch die vorherige Festlegung eines Bereitstellungsraumes für die Einsatzstelle muss sie sich nicht bereits vor der abschließenden Lagefeststellung für eine Anfahrt auf das Betriebsgelände festlegen.

Abbildung 14: Bereitstellungsraum geringeren Umfanges vor einer Einsatzstelle zur Ordnung des Raumes (Quelle: Feuerwehr Soest)

Wenn es die Einsatzlage erfordert, sollte der Bereitstellungsraum für alle an- und nachrückenden Einheiten bereits auf der Anfahrt durch die Zugführung in räumlicher Nähe, aber trotzdem weit genug entfernt von der Einsatzstelle, festgelegt werden.

Je nach örtlicher Organisationsstruktur kann auch die Leitstelle einen Bereitstellungsraum auf Basis des ihr vorliegenden Kartenmateriales vorschlagen. Da es sich hier jedoch nur um einen Vorschlag handelt, wird dann der Begriff „Verfügungsraum" verwendet. Bestätigt die Einsatzleitung den Vorschlag der Leitstelle, wird aus dem vorläufigen Verfügungsraum ein Bereitstellungsraum für die Einsatzstelle. Spätestens bei dem Aufwachsen des Bereitstellungsraumes ist eine Leitung für diesen zu benennen, welche der Einsatzleitung direkt unterstellt ist.

Hinweis: Das frühzeitige Festlegen von Bereitstellungsräumen dient in erster Linie der Ordnung des Raumes. Hierdurch werden oftmals Handlungsoptionen, insbesondere bei der Fahrzeugaufstellung direkt am Einsatzort, erhalten. Eine zu früh vorgenommene falsche Anfahrt oder Fahrzeugaufstellung kann im Nachhinein oftmals nicht revidiert werden und ist somit zwingend zu vermeiden.

Abbildung 15: Ein sich in der Einrichtung befindlicher Bereitstellungsraum größeren Umfanges, abgesetzt von einer Einsatzstelle (Quelle: Feuerwehr Soest)

7 Befehlsgebung

7.1 Auftragstaktik oder Befehlstaktik

Ein im Rahmen der Einsatzplanung gefasster Entschluss muss vom Zugführer nach einem vorgegebenen Befehlsschema mündlich, schriftlich oder auf andere Weise als Befehl an die ihm unterstellten Einheitsführer formuliert und erteilt werden.

Der Befehl offenbart dabei den Einsatzkräften die Absicht des Zugführers. Bei dem Einsatz eines Zuges gibt der Zugführer den Befehl entweder als Gesamtbefehl, indem er alle unterstellten Einheitsführer zusammenruft, oder als Einzelbefehl, wenn beispielsweise eine zeitkritische Einsatzlage vorliegt und die Einheitsführer nacheinander und voneinander unabhängige Befehle erhalten. Dabei ist es jedoch zwingend erforderlich, die anderen Einheitsführer zeitnah über die erteilten Einzelbefehle zu informieren, damit das Vorgehen im Gesamteinsatz für alle beteiligten Führungskräfte verständlich bleibt.

Der Befehl beginnt dabei grundsätzlich mit einer Lageeinweisung, welche die nötigen Informationen zur Umsetzung des Befehles enthalten muss. Dabei ist es äußerst sinnvoll, nach der erfolgten Lageeinweisung im Rahmen einer Absichtserklärung den erdachten Plan gegenüber den unterstellten Gruppenführern zu verdeutlichen. Hierdurch wird das Verständnis für den erhaltenen Auftrag und dessen Einordnung in den Gesamtkontext der Einsatzmaßnahmen für die Befehlsempfänger nachvollziehbarer beziehungsweise erleichtert.

Im Anschluss an die Absichtserklärung müssen die Unterstellungsverhältnisse und konkreten Aufgaben der Einheitsführer klar und unmissverständlich kommuniziert werden. Danach erfolgt der eigentliche Befehl nach der in der FwDV 100 festgelegten Befehlsstruktur.

Je nach Einsatzlage wird mit der Befehlserteilung den Gruppenführern ein gewisser Spielraum gelassen (Auftragstaktik) oder, insbesondere bei zeitkritischen Lagen, sehr konkret vorgeschrieben, wie zu verfahren ist (Befehlstaktik). Der Zugführer sollte bei der Befehlserteilung die Auftragstaktik bevorzugen. Die Befehlsgewalt des Zugführers schließt dabei nicht nur das Recht, sondern auch die Pflicht zum Befehlen ein.

Hinweis: Oberstes Ziel der Befehlsgebung ist die verständliche Formulierung des Befehles, sodass ein Befehl adressatengerecht gegeben werden muss. Die Auftragstaktik ist dabei der Befehlstaktik vorzuziehen.

Ein Befehl ist gemäß der FwDV 100 wie folgt gegliedert:

Befehlsglied	Inhalt/Beschreibung
Lageeinweisung	• Welche Schadenslage liegt vor? Kurze Darstellung der Erkundungsergebnisse • Eigene Lage • Geplante Maßnahmen zur Durchführung der Gefahrenabwehr • Benennung der Unterstellungsverhältnisse
Absicht	• Schilderung der beabsichtigten und geplanten Maßnahmen zur Gefahrenabwehr • Klare Benennung der vorgesehenen Unterstellungsverhältnisse
Einheit	• Wer soll den Auftrag durchführen?
Auftrag	• Was muss getan werden?
Mittel	• Womit soll der Auftrag durchgeführt werden?
Ziel	• Wo ist der Ort, an dem der Auftrag durchgeführt werden soll?
Weg	• Welcher Weg dorthin soll genutzt werden?

Abbildung 16: Lageeinweisung vor der Befehlserteilung an der Einsatzstelle (Quelle: Feuerwehr Soest)

7.2 Kontrolle eingeleiteter Maßnahmen

Die Zugführung muss nach der Erteilung ihres Befehles letztendlich wieder den Führungsvorgang durchlaufen, da die Anwendung des Führungsvorganges einen fortlaufenden Prozess darstellt. Sie sammelt dabei wie bei der ersten Lagefeststellung auch weitere Informationen zum Schadensereignis. Dabei muss sie jedoch nach einer gewissen Entwicklungszeit zur Durchführung der Einsatzmaßnahmen ihre Einsatzkräfte kontrollieren, ob die Maßnahmen greifen und welche Auswirkungen die eingeleiteten Maßnahmen auf die Schadenslage haben.

Hinweis: Die Kontrolle der Durchführung der befohlenen Einsatzmaßnahmen ergibt sich aus der ureigensten Führungsverantwortung der Führungskräfte für ihren Zuständigkeitsbereich. Sie dient dabei nicht zuletzt der Wahrnehmung der Aufsichts- und Fürsorgepflicht.

Grundsätzlich ist bei der weiteren Anwendung des Führungsvorganges immer wieder eine gewissenhafte Lagefeststellung durchzuführen, da es während der gesamten Zeit des Einsatzes zu Änderungen der Gefahrenlage oder zu einer Schadensausbreitung kommen kann.

Sollte dies der Fall sein, muss die Lageänderung auch zwangsläufig zu einer erneuten Beurteilung der Einsatzlage führen. Das Ergebnis hieraus kann ein neuer Entschluss sein, der wiederum in einen weiteren Befehl zur Anpassung der Einsatzmaßnahmen führt. An die neue Befehlsgabe schließt sich dann wiederum eine erneute Kontrolle der Maßnahmen und eine weitere Lagefeststellung an. Der Führungsvorgang ist durch die Zugführung letztlich so lange anzuwenden, bis die Lagefeststellung ergibt, dass keine Gefahren mehr für Menschen, Tiere, Umwelt und Sachwerte vorliegen und somit die Gefahrenabwehr erfolgreich durchgeführt wurde.

7.3 Selbstkontrolle und Testfragen

(Lösungen siehe Seite 83)

1. Was versteht man unter der Auftragstaktik bei der Befehlsgebung?

a) Die dem Zugführer unterstellten Einheitsführer veranlassen alle Einsatzmaßnahmen nach eigenem Ermessen, da sie ausgebildete Gruppenführer sind.
b) Die Auftragstaktik wird nur beim Militär, aber nicht bei der Feuerwehr angewendet.
c) Die Auftragstaktik lässt dem Befehlsempfänger einen gewissen Spielraum bei der Umsetzung der Maßnahmen zur Erfüllung des erhaltenen Auftrages.
d) Ein Zugführer sollte bei der Befehlsgebung die Auftragstaktik bevorzugen.

2. Was ist innerhalb der Lagefeststellung mit dem Begriff Kontrolle bei der Anwendung des Führungsvorganges gemeint?

a) Bei der Kontrolle wird die Einsatzstelle auf vorhandene Gefahren kontrolliert.
b) Die Kontrolle ist die Überprüfung der Umsetzung des Entschlusses und daher der Vergleich der umgesetzten Maßnahmen mit der Absicht des Zugführers.
c) Die Kontrolle ist kein Bestandteil der Lagefeststellung gemäß des Führungsvorganges der FwDV 100.
d) Eine Kontrolle an der Einsatzstelle erfolgt grundsätzlich nur durch die Kriminalpolizei.

3. Wozu dient die Lageeinweisung durch den Zugführer vor der Befehlsgebung durch ihn?

a) Sie verdeutlicht die Absicht des Zugführers im Hinblick auf den nachfolgenden Befehl.
b) Der erteilte Befehl wird durch die Lageeinweisung für den Befehlsempfänger nachvollziehbarer.
c) Eine Lageeinweisung bei dem Einsatz eines Zuges kann entfallen, da genug Gruppenführer anwesend sind.
d) Lageeinweisungen dienen dem Zweck der rechtssicheren Dokumentation bei der Befehlsgebung.

4. In welche Punkte gliedert sich ein Befehl nach der FwDV 100?

a) Es ist keine Gliederung für Befehle festgelegt.
b) Lageeinweisung und Absicht.
c) Einheit und Auftrag.
d) Nur in die Punkte Einheit und Auftrag.
e) Mittel, Ziel und Weg.

5. Was ist der Unterschied zwischen einem Verfügungsraum und einem Bereitstellungsraum?

a) Ein Verfügungsraum ist ein vorläufiger Sammelpunkt für anrückende Einsatzkräfte und Einsatzmittel, der von der Leitstelle vorgeschlagen wird und dem Einsatzleiter zur Verfügung steht.
b) Es gibt keinen Unterschied.
c) Ein Bereitstellungsraum ist ein vom Einsatzleiter festgelegter Ort, an dem Einsatzkräfte und Einsatzmittel für den unmittelbaren Einsatz gesammelt, gegliedert und bereitgestellt oder in Reserve gehalten werden. Der Verfügungsraum wird zum Bereitstellungsraum, wenn der Einsatzleiter den Vorschlag der Leitstelle bestätigt.

8 Lagemeldungen und Einsatzmittelnachforderungen

Der richtige Zeitpunkt zum Absetzen einer ersten ausführlichen qualifizierten Lagemeldung an die Leitstelle ist, nachdem der Zugführer seine Kräfte bereits eingesetzt hat und somit die Gefahrenabwehrmaßnahmen anlaufen. Hierdurch kommt es nicht zu einer Verzögerung der Einsatzmaßnahmen und der Zugführer hat in der Regel hierzu, je nach Dynamik der Einsatzlage, erstmalig Zeit. Die Lagemeldung sollte dabei möglichst strukturiert abgesetzt werden, wozu das nachfolgende sogenannte **„MELDEN-Schema“** gut als Orientierungshilfe genutzt werden kann.

- **M**eldender (Wer setzt die Lagemeldung ab?)
- **E**insatzstelle (Nennung der Einsatzstelle zur Vermeidung von Verwechselungen von Einsatzstellen, z.B. bei parallelen Einsatzstellen)
- **L**agebeschreibung (Zusammenfassung der Lage auf das Wesentliche) **falls zutreffend: Stichwort „Menschenleben in Gefahr“**
- **D**urchgeführte Maßnahmen (Nennung der durchgeführten und noch laufenden Maßnahmen)
- **E**ingesetzte Kräfte (Nennung der Anzahl der eingesetzten Einsatzkräfte)
- **N**achforderung (Wenn erforderlich Einsatzmittelnachforderung oder auch Meldung, wenn die eingesetzten Kräfte ausreichen)

Beispiel:

„Hier Florian Musterstadt 1-ELW 1-1 mit erster Rückmeldung Sedanstraße 81, Brand im Bereich des Dachstuhles eines viergeschossigen Mehrfamilienhauses. Ein Trupp über den Treppenraum sowie ein C-Rohr über die Drehleiter zur Brandbekämpfung eingesetzt. Räumung des Gebäudes abgeschlossen. Brand droht auf Nachbargebäude überzugreifen. Erhöhen Sie das Einsatzstichwort auf Feuer 4. Kommen."

Die erste Lagemeldung von der Einsatzstelle kann und muss nicht absolut genau sein. Sie ist jedoch im weiteren Einsatzverlauf zu konkretisieren. Qualifizierte Lagemeldungen durch den Zugführer sind wichtige Berichte, die Informationen über die aktuelle Situation an der Einsatzstelle und den Verlauf eines Einsatzes liefern. Sie helfen dabei, die Lage im rückwärtigen Bereich, beispielsweise durch den Lagedienstführer in der Leitstelle, zu bewerten und Entscheidungen zu treffen. Weiterhin dienen Lagemeldungen der Einsatzleitung an die Leitstelle auch der Dokumentation des Feuerwehreinsatzes, was im Falle einer juristischen Nachbetrachtung von besonderer Relevanz sein kann.

Einsatzmittelnachforderungen beziehen sich auf die Anforderung zusätzlicher Ressourcen, die für einen effektiven Einsatz benötigt werden. Dies können weitere Einheiten sein oder auch spezielle Ausrüstungen oder Sonderfahrzeuge. Sollten Einsatzmittel nachgefordert werden müssen, ist der Grundsatz der Reservenbildung gemäß der FwDV 100 zu beachten und somit die Nachforderung plausibel zu planen.

Eine Lagemeldung sollte abgesetzt werden, wenn es relevante Informationen über die aktuelle Einsatzsituation gibt, die wichtig sind. Das ist im Regelfall nach dem Eintreffen des Zugführers und seiner Erkundung der Fall sowie bei wesentlichen Maßnahmen, die eingeleitet oder durchgeführt wurden, sowie bei relevanten Lageänderungen.

Selbstkontrolle und Testfragen

(Lösungen siehe Seite 83)

1. Wann muss eine Lagemeldung an die Leitstelle abgesetzt werden?

a) Nach dem Eintreffen des Zugführers an der Einsatzstelle.
b) Lagemeldungen sind nicht erforderlich, da der Zugführer selbst vor Ort ist.
c) Nach Einleitung von relevanten Einsatzmaßnahmen.
d) Bei relevanten Lageänderungen.
e) Nur bei verletzten Einsatzkräften an der Einsatzstelle.

2. Welchen Inhalt muss eine qualifizierte Lagemeldung unter anderem aufweisen?

a) Wer die Lagemeldung absetzt, sowie Angabe der Örtlichkeit der Einsatzstelle.
b) Es ist kein Inhalt für eine qualifizierte Lagemeldung festgelegt.
c) Eine Zusammenfassung der Lage an der Einsatzstelle.
d) Lage des nächsten Feuerwehrgerätehauses.
e) Durchgeführte Maßnahmen.

3. Für wen sind Lagemeldungen von besonderer Relevanz?

a) Für sich noch auf der Anfahrt befindliche Einheiten.
b) Für niemanden, da Lagemeldungen nicht verpflichtend abgesetzt werden müssen.
c) Für die Polizei.
d) Für die Leitstelle zur rückwärtigen Unterstützung.

4. Welchen rechtlichen Zweck verfolgen Lagemeldungen der Einsatzleitung?

a) Lagemeldungen sind rechtlich nicht von Interesse.
b) Sie leisten einen Beitrag zur rechtssicheren Dokumentation des Feuerwehreinsatzes.
c) Keinen, da sie bei juristischen Nachbetrachtungen nicht herangezogen werden dürfen.

9 Einsatzabschnittsbildung

Aufgrund der räumlichen Ausdehnung einer Einsatzstelle, des Umfanges der erforderlichen Einsatzmaßnahmen oder der Art der Einsatzmaßnahmen zur Gefahrenabwehr kann es erforderlich werden, eine Einsatzstelle in Einsatzabschnitte zu gliedern.

Dabei können in einem Einsatzabschnitt eine oder mehrere taktische Einheiten eingesetzt werden, denen zur Führung des Einsatzabschnittes eine Einsatzabschnittsleitung (EAL) überstellt ist. Die Größe der taktischen Einheiten kann hierbei theoretisch vom selbstständigen Trupp bis hin zur Verbandsstärke reichen, beispielsweise bei Großschadenslagen. Die Funktion der Einsatzabschnittsleitung ist dabei jedoch nicht verbindlich durch etwa eine Feuerwehrdienstvorschrift an eine Ausbildungsqualifikation gebunden. Je nach Einsatzlage und Sinnhaftigkeit kann diese Aufgabe von einem Verbands- oder Zugführer sowie von einem Gruppenführer übernommen werden. In der Regel sollte eine Einsatzstelle in maximal fünf Einsatzabschnitte unterteilt werden, um der sogenannten „2-5er-Regel“ Rechnung zu tragen.

Bei größeren Schadenslagen kann es weiterhin erforderlich werden, die Einsatzstelle noch umfassender zu strukturieren. So können innerhalb der Einsatzabschnitte noch weitere sogenannte Untereinsatzabschnitte gebildet werden, welche wiederum durch eine Führungskraft in der Funktion Untereinsatzabschnittsleiter geführt werden muss.

2-5er-Regel

Gemäß der sogenannten 2-5er-Regel sollen einem Einsatzleiter (EL) nicht mehr als fünf Einsatzabschnitte unterstellt werden, um die dadurch erzeugte Führungsspanne noch effektiv führen zu können. Das Gleiche gilt letztendlich auch für die Einsatzabschnittsleitung (EAL), der ebenfalls nicht mehr als fünf Einsatzunterabschnitte zugeordnet werden sollten.

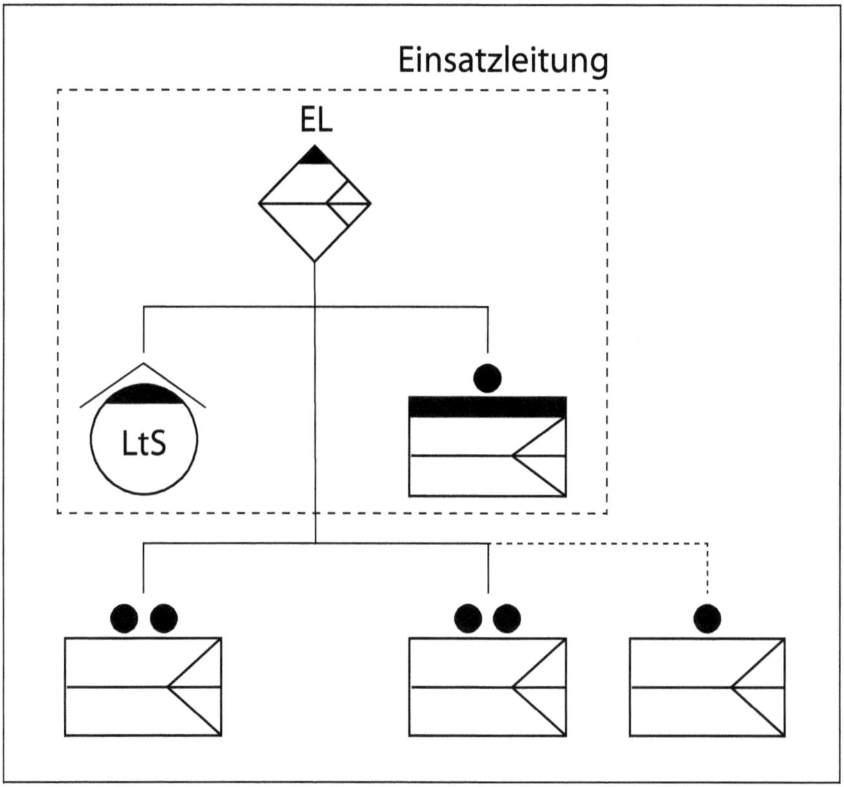

Abbildung 17: Führungsorganisation beim Einsatz eines Zuges
(Quelle: ecomed Sicherheit, nach Vorlage aus der FwDV 100)

Die Abbildung 17 zeigt beispielhaft die Führungsorganisation für einen klassischen Löschzug. Hier führt der Zugführer in seiner Funktion als Einsatzleiter (Führungsebene 1) zwei Gruppenführer sowie einen selbstständigen Trupp (Führungsebene 2).

Dies wird erforderlich, da es sonst für die Führungskräfte innerhalb der Führungsebene 2 keine koordinierende Stelle gäbe. Sie wären somit ohne Führung. Die Einsatzleitung wiederum kann hingegen maximal fünf nachgeordnete Führungskräfte als direkte Ansprechpartner führen, da andernfalls die Gefahr besteht, dass sie die Übersicht verliert und der Führungsaufgabe nicht mehr gerecht werden kann.

Gemäß der 2-5er-Regel wird somit immer dann eine übergeordnete Führungskraft (in einer übergeordneten Führungsebene) erforderlich, wenn mindestens zwei, aber maximal fünf gleichberechtigte Führungskräfte (in der gleichen Führungsebene) zusammenkommen.

10 Besondere Einsatztaktik für den Zugführer

Wie bereits umfangreich beschrieben, können Schadensereignisse und daraus resultierende Einsätze der Feuerwehr sehr komplexe Lagen darstellen, welche grundsätzlich individuell zu betrachten und zu bewältigen sind. So wird der Einsatzalltag der Feuerwehren immer wieder durch neue Herausforderungen bei der Durchführung der Einsatzmaßnahmen geprägt. Neben häufig vorkommenden Einsatzszenarien sind aber auch immer wieder Maßnahmen der Gefahrenabwehr erforderlich, die besondere Einsatzmaßnahmen darstellen. Die nachfolgenden Einsatzlagen stellen aus Sicht des Autors besondere Einsatzlagen dar, die eine besonders angepasste Antwort hierauf im Rahmen der Einsatztaktik erfordern. An dieser Stelle ist jedoch klar zu sagen, dass diese Beispiele aufgrund des Facettenreichtumes des Einsatzspektrums der Feuerwehren in keiner Weise abschließend sein können.

10.1 Einsatzstellen mit unzureichender Löschwasserversorgung

Grundsätzlich sollte die Zugführung die jeweilige Situation der Löschwasserversorgung in ihrem Einsatzgebiet kennen. Dadurch wird sie bereits in der Frühphase des Einsatzes in die Lage versetzt, diese Information bei der Einsatzplanung zu nutzen. Nicht selten kommt es jedoch vor, dass bei Brandeinsätzen außerhalb von Wohn-, Gewerbe- oder Industriegebieten oder auf Autobahnen die vorhandene Löschwasserversorgung den erforderlichen Bedarf an Löschwasser zur Brandbekämpfung nicht decken kann.

Darüber hinaus gibt es Gebiete, in denen überhaupt keine planmäßige Löschwasserversorgung vorhanden ist.

Auch in einer solchen Einsatzsituation muss die Zugführung im Rahmen der Einsatzplanung ihre zur Verfügung stehende Mannschaft sowie die Einsatzmittel zielgerichtet einsetzen. Gerade dann sind die richtige Priorisierung der erforderlichen Einsatzmaßnahmen und die Wahl der richtigen Einsatztaktik von großer Bedeutung für den Einsatzerfolg.

Oftmals stellt sich in einer solchen Einsatzsituation die Frage des Aufbaues einer Löschwasserversorgung über lange Wegstrecken oder des Einsatzes eines Pendelverkehres mittels Tanklöschfahrzeugen. Diese Entscheidung muss lagebedingt sorgfältig abgewogen werden, da hiermit ein erheblicher Material- und Kräfteeinsatz verbunden ist.

Abbildung 18: Brandbekämpfung auf einem Autobahnrastplatz mit unzureichender Löschwasserversorgung (Quelle: Feuerwehr Soest)

Die nachfolgenden Hinweise sollten bei Einsatzstellen mit nicht ausreichender Löschwasserversorgung durch die Zugführung berücksichtigt werden:

- Als Löschwasserentnahmestellen dienen nicht nur Hydranten. Offene Saugstellen, Löschwasserbehälter, Zisternen, Löschwasserteiche oder offene Gewässer können ebenfalls zur Sicherstellung der Löschwasserversorgung dienen. Darüber hinaus können auch unter Beachtung der

Verhältnismäßigkeit private Swimmingpools oder Schwimmbäder als Löschwasserentnahmestelle herangezogen werden.

- Sind zum Aufbau beziehungsweise zur Sicherstellung der Löschwasserversorgung wasserführende Fahrzeuge erforderlich, müssen diese frühzeitig angefordert werden.
- Muss eine Wasserversorgung über eine lange Wegstrecke aufgebaut werden, sind die hierfür erforderlichen Einsatzmittel und -kräfte frühzeitig vorzuplanen und anzufordern (z.B. weitere Löschzüge sowie Schlauchwagen).
- Bei größeren Brandeinsätzen und dem Erfordernis von großen Löschwassermengen ist der für das Einsatzgebiet zuständige Wasserversorger hinzuzuziehen. Dieser verfügt über sachkundige Personen, die die Einsatzleitung der Feuerwehr in Fragestellungen der Löschwasserversorgung als Fachberatung effektiv unterstützen können.
- Erstmaßnahmen sind mit Bedacht zu priorisieren, beispielsweise durch die Wahl der Taktik der Verteidigung anstatt Angriff (z.B. Durchführung einer Riegelstellung mit geringerem Löschwasserverbrauch vor einer direkten Brandbekämpfung zur Verhinderung einer Brandausbreitung).
- Bei der Planung der Einsatzmaßnahmen ist ein besonderes Augenmerk auf die Füllstände der Wasserreservoire und deren Veränderung (Füllstände von Fahrzeugtanks oder sonstigen Löschwasserbehältern) zu legen. Insbesondere bei Kräften im Innenangriff ist dieser Punkt von besonderer Bedeutung.
- Trupps im Innenangriff sollten die Wasserabgabe ihrer Strahlrohre reduzieren. Dies ist über die Führungsebene der Gruppenführung durch die Zugführung klar zu kommunizieren.
- Im Rahmen der Einsatzplanung ist damit zu rechnen, dass ein Innenangriff bei unzureichender Löschwasserversorgung ggf. vorzeitig abgebrochen werden muss. Hierbei ist der Eigenschutz der Kräfte im Innenangriff von besonderer Bedeutung.

■ Pendelverkehr

Eine Alternative zur Wasserversorgung über lange Wegstrecken stellt der sogenannte Pendelverkehr dar. Hierbei pendeln Tanklöschfahrzeuge von einer geeigneten Wasserentnahmestelle zur Einsatzstelle und wieder zurück. An der Einsatzstelle muss ein großer Pufferbehälter (z.B. ein weiteres Tanklöschfahrzeug oder ein Faltbehälter) bereitstehen, an dem die Tanklöschfahrzeuge ihr Löschwasser abgeben können.

Zur Sicherstellung eines leistungsfähigen und stabil funktionierenden Pendelverkehrs ist jedoch oftmals ein hoher Aufwand erforderlich. Hierdurch ist dessen Realisierung in die Praxis häufig nur schwierig umzusetzen, da viele Parameter bei der Planung zu berücksichtigen sind. Die nachfolgende Berechnung soll beispielhaft den hohen Bedarf an entsprechenden Tanklöschfahrzeugen aufzeigen.

Berechnung des erforderlichen Bedarfes an Tanklöschfahrzeugen, wenn kontinuierlich 800 l/min Löschwasser an der Einsatzstelle abgegeben werden sollen:

Löschwasserbedarf an der Brandstelle	800 l/min
Benötigte Fahrzeit der Tanklöschfahrzeuge	10 Minuten
Füllstrom an der Löschwasserentnahmestelle	800 l/min
Rüstzeit an der Löschwasserentnahme- und Einsatzstelle	8 Minuten
Löschwassermenge der Tanklöschfahrzeuge	2000 l

Zur Sicherstellung eines funktionierenden Pendelverkehrs sind bei den oben angenommenen Parametern bereits insgesamt 14 Tanklöschfahrzeuge erforderlich. Hieran ist zu erkennen, dass der Bedarf an pendelnden Fahrzeugen bei bereits geringen Löschwassermengen sehr hoch ist.

10.2 Durchführung eines Schaumeinsatzes zur Brandbekämpfung

Die Brandbekämpfung mittels Löschschaum steht heutzutage oftmals dem Umweltschutz konträr gegenüber und obliegt daher vielfachen rechtlichen Vorgaben, wodurch sich eine große rechtliche Verantwortung gegenüber dem jeweiligen Einsatzleiter ergibt.

Daher ist es bei dem Einsatz von Löschschaum besonders wichtig, dass der Führungsvorgang nach der Feuerwehrdienstvorschrift 100 bei der Lagebeurteilung durch die Einsatzleitung im Vorfeld sehr gründlich durchgeführt wurde. Hierbei sind die Vor- und Nachteile eines möglichen Löschschaumeinsatzes gegenüberzustellen und sorgfältig gegeneinander abzuwägen.

Die Entscheidung über den Einsatz von Löschschaum kann somit nur unter Abwägung von einsatztaktischen Aspekten und Umweltaspekten getroffen werden. Grundsätzlich kann dabei gesagt werden, dass für etwa 90 % aller Brände das Löschmittel Wasser effektiv eingesetzt werden kann und somit zur Brandbekämpfung der überwiegenden Brände geeignet ist. Bei den übrigen 10 % der Brände, die mit reinem Löschwasser zu schlecht oder gar nicht zu bekämpfen sind, kann eine reine Brandbekämpfung mit Wasser sogar zu einer Brandausbreitung beitragen. Daher ist gerade bei Bränden der Brandklasse B (Brände von flüssigen oder flüssig werdenden Stoffen) oder F (Brände von pflanzlichen oder tierischen Ölen und Fetten), aber auch bei glutbildenden Feststoffen mit sehr großer und poröser Oberfläche der Einsatz von Schaummitteln zur Erzeugung von Netzwasser oder Schaum angebracht.

Hinweis: Der Zugführer hat bei der Planung eines Schaumeinsatzes die Entscheidung zu treffen, welche Schaumart letztendlich zum Einsatz kommen soll, um eine möglichst effektive Brandbekämpfung in Bezug auf das Brandgut zu gewährleisten.

Abbildung 19: Aufbringen von Löschschaum mit einem Mittelschaumrohr. Die Wurfweiten, die mit Mittelschaum erzielt werden, sind eher gering (Quelle: Daniel Schröder)

Das Löschmittel „Schaum“ kann grundsätzlich bei nachfolgenden Einsatzszenarien angewandt werden:

- Bei Bränden von Flüssigkeiten
- Bei Bränden von Fetten und Kunststoffen
- Zum vorsorglichen Abdecken von brennbaren Flüssigkeiten zur Verhinderung einer Entzündung
- Zum vorsorglichen Abdecken von Brandgütern zur Verhinderung einer Brandausbreitung
- Zum Vorbeugen von Explosionsgefahren
- Zum Fluten von Räumen wie beispielsweise Kellerräumen, Hallenbereichen oder Lagern

Je nach Art des Einsatzes ist eine andere Schaumart erforderlich, was wiederum durch den Zugführer zu beurteilen ist. Die zur Verfügung stehenden Schaumarten können dabei in die folgenden Gruppen eingeteilt werden.

10.2.1 Netzmittel

Netzmittel wird zur Erzeugung von „Netzwasser" bei Feststoffbränden zur Verringerung der Oberflächenspannung des Löschwassers eingesetzt. Hierdurch wird eine größere Eindringtiefe in das Brandgut erreicht, wodurch die Effizienz des Löschwassers verdreifacht werden kann. Das als Netzmittel eingesetzte Schaummittel wird dabei mit einer Zumischrate von 0,1 bis 1 % zugemischt und das Wasser-Schaummittel-Gemisch danach unverschäumt mittels herkömmlicher Strahlrohre oder Monitore aufgebracht. So bleibt die Wurfweite der Armaturen zur Wasserabgabe gleich. Die Verwendung von Schaummitteln als Löschwasserzusatz (Netzmittel) hat daher den Vorteil, dass Brände grundsätzlich effektiver bekämpft werden können.

Löscheffekt = Kühlen

10.2.2 Schwerschaum

Das Einsatzgebiet von Schwerschaum liegt insbesondere bei sehr heißen Flüssigkeitsbränden, wie sie beispielsweise durch Öl- oder Dieselbrände verursacht werden. Der Schwerschaum hat aufgrund seines hohen Wasseranteiles einen sehr guten Kühleffekt bei gleichzeitig guten Fließeigenschaften. Weiterhin können mit Schwerschaum noch relativ große Wurfweiten erzielt werden.

Hauptlöscheffekt = Kühlen

Nebenlöscheffekt = Ersticken

Verschäumungszahl = bis 20

Schwerschaum eignet sich jedoch auch zur Brandbekämpfung von Feststoffbränden aufgrund seines hohen Wasseranteiles. Zusätzlich besitzt Schwerschaum eine sehr gute benetzende Wirkung, wodurch das kühlende Schaummittel-Wasser-Gemisch durch seine Haftwirkung länger auf dem Brandgut verbleibt als reines Löschwasser.

10.2.3 Mittelschaum

Mittelschaum wird bei Flüssigkeitsbränden entweder alleine aufgebracht oder als Schutzschicht zusätzlich auf den Schwerschaum aufgetragen, um durch eine größere Schichtdicke die Gefahr einer Rückzündung zu minimieren. Mittelschaum kann aber auch zur schützenden Beschäumung, etwa bei sperrigen Brandgütern, eingesetzt werden. Weiterhin kann Mittelschaum aufgrund seiner guten Stapelbarkeit sowie des trägen Fließverhaltens durch seine Viskosität zum Fluten von Räumen eingesetzt werden.

Hauptlöscheffekt = Ersticken

Nebenlöscheffekt = Kühlen

Verschäumungszahl = über 20 bis 200

10.2.4 Leichtschaum

Leichtschaum eignet sich aufgrund seines geringen Wasseranteiles und seiner hohen Verschäumungszahl von über 200 besonders gut zum Fluten von großen Kellerräumen, Gebäudeteilen und Hallen, in welchen ein Innenangriff nur schwer oder überhaupt nicht vorgetragen werden kann. Der Einsatz von Leichtschaum im Freien erweist sich dagegen allerdings eher als problematisch, da er aufgrund seiner geringen Dichte anfällig dafür ist, vom Wind schnell weggeweht zu werden.

Löscheffekt = Ersticken

Verschäumungszahl = über 200 bis 1000

10.2.5 CAFS-Schaum

Mit CAFS-Schaum (Compressed Air Foam System), oder auch Druckluftschaum genannt, kann je nach Einstellung der CAFS-Anlage von einem Schaum mit sehr hohem Wasseranteil bis hin zu einem Schaum mit geringem Wasseranteil beliebig jede Schaumqualität erzeugt werden.

Der „nasse" Schaum eignet sich dabei durch den hohen Wasseranteil und der somit gegebenen Kühlwirkung gut zur direkten Brandbekämpfung. Der „trockene" Schaum eignet sich aufgrund seiner besonders guten Haftwirkung an Oberflächen und isolierenden Wirkung sehr gut zur Vornahme einer schützenden Beschäumung vor Wärmestrahlung.

Ein besonderer Vorteil von CAFS-Schaum ist das Erzielen großer Wurfweiten, da der Schaum selber nicht erst am Strahlrohr, sondern in der Druckluftschaumanlage im Fahrzeug erzeugt wird und hierdurch keine Energie verloren geht.

Löscheffekt = Kühlen/Ersticken
(je nach Konsistenz des Löschschaumes)

Bezogen auf die jeweilige Brandklasse kommen somit nachfolgende Löschschaumarten in Frage:

Brandklasse A (feste, glutbildende Stoffe) = Netzwasser, CAFS-Schaum, teilweise Schwerschaum

Brandklasse B (flüssige und flüssigwerdende Stoffe) = Schwer-, Mittel-, CAFS-Schaum

Zur Sicherstellung eines Löscherfolges ist bei einem Schaumeinsatz der Schaummittelbedarf möglichst vor Beginn der Brandbekämpfungsmaßnahmen und im weiteren Einsatzverlauf kontinuierlich zu beurteilen beziehungsweise zu ermitteln. Dabei hängt der Schaummittelbedarf insbesondere von folgenden Faktoren ab:

- Größe der abzudeckenden Fläche
- Geometrie des zu flutenden Behälters oder Raumes
- Art und Anzahl der zum Einsatz kommenden Schaumrohre
- Zu erwartende Zerstörungsrate

10.2.6 Polare und unpolare brennbare Flüssigkeiten

Die Brandklasse B weist die Besonderheit auf, dass brennbare Flüssigkeiten zwischen unpolaren und polaren Flüssigkeiten unterschieden werden. Diese Unterscheidung ist für die Brandbekämpfung mit Löschschaum von besonderer Bedeutung, da unpolare brennbare Flüssigkeiten sich nicht mit Wasser mischen lassen und daher mit jedem üblichen Schaummittel gelöscht werden können. Polare brennbare Flüssigkeiten sind dagegen mit Wasser mischbar und weisen daher die Eigenschaft auf, nicht alkoholbeständigen Löschschaum zu zerstören.

Hinweis: Zur Brandbekämpfung von polaren Flüssigkeiten mittels Löschschaum müssen alkoholbeständige Schaummittel eingesetzt werden. Der Bedarf hierzu sollte bereits im Rahmen der Einsatzvorbereitung der jeweiligen Feuerwehr beurteilt werden.

10.2.7 Faustformel zur Berechnung des Schaummittelbedarfes

An Einsatzstellen kann die nachfolgende einfache Faustformel zur groben Abschätzung des jeweiligen Schaummittelbedarfs herangezogen werden, um den Schaumangriff im Vorfeld zu planen. Die Formel beinhaltet dabei auch Reserven, welche beispielsweise aufgrund der Zerstörungsrate des Schaumes mit einbezogen werden müssen.

Menge des erforderlichen Schaummittels in Bezug auf die Fläche, die eingeschäumt werden soll:

- 0,5 Liter Schaummittel/m^2 bei Mittelschaum
- 2 Liter Schaummittel/m^2 bei Schwerschaum

Hinweis: Die eben genannte Formel dient zur überschlägigen Abschätzung des Schaummittelbedarfes an einer Einsatzstelle, die auch unter großem Zeitdruck angewandt werden kann. Im Rahmen einer Einsatzvorplanung sollte zur Ermittlung von erforderlichen Schaummittelbedarfen jedoch eine detailliertere Berechnung erfolgen.

Bei der Anwendung des Führungsvorganges sollte der Zugführer sich im Rahmen der Einsatzplanung und des damit verbundenen Abwägungsprozesses bei einem geplanten Schaumeinsatz folgende Fragen stellen:

1. Welche Brandklasse liegt vor und welche spezifischen Gefahren sind damit verbunden?
2. Welche Schaumart ist am besten geeignet, um den Brand effektiv zu bekämpfen?
3. Welcher technische und personelle Aufwand ist für den Schaumeinsatz erforderlich?
4. Wie ist die Zugänglichkeit zur Brandstelle? Sind die Einsatzkräfte in der Lage, den Schaum effizient und sicher an den Brandherd zu bringen?
5. Gibt es besondere Umweltrisiken? Könnte der Einsatz von Schaum negative Auswirkungen auf die Umwelt haben, z.B. durch Abflüsse oder Kontamination?
6. Wie viel Schaummittel/Schaum wird benötigt? Ist die aktuell verfügbare Menge an Schaummittel ausreichend, um den Brand vollständig zu bekämpfen?
7. Welche Schutzmaßnahmen müssen getroffen werden, um die Einsatzkräfte zu schützen?
8. Gibt es alternative Löschmethoden? Sollten andere Löschmittel oder -methoden in Betracht gezogen werden, die möglicherweise effektiver, umweltschonender oder sicherer sind?
9. Wie sieht der Rückzugsplan aus? Was ist der Plan für den Fall, dass die Situation außer Kontrolle gerät?

Diese Fragen helfen dem Zugführer, eine fundierte Entscheidung über den Einsatz von Schaum zu treffen und die Sicherheit aller Beteiligten zu gewährleisten.

10.2.8 Einsatzgrundsätze

Um eine erfolgreiche Brandbekämpfung mit Löschschaum zu gewährleisten, sind mehrere Grundsätze zu beachten. Diese ergeben sich aus den spezifischen taktischen und technischen Anforderungen eines Schaumeinsatzes.

Es gilt grundsätzlich, dass der Löschschaumangriff erst dann begonnen werden sollte, wenn:

- ein geeignetes Schaummittel zur Verfügung steht,
- genügend Schaummittel vorhanden ist,
- eine ausreichende Löschwasserversorgung sichergestellt ist und
- eine ausreichende Anzahl an leistungsfähigen Schaumrohren, -werfern und Zumischeinrichtungen an der Einsatzstelle bereitsteht und einsatzbereit ist.

Diese Voraussetzungen sind entscheidend, um die Effektivität des Schaumeinsatzes zu maximieren und die Sicherheit der Einsatzkräfte zu gewährleisten.

Darüber hinaus sind bei einem Schaumeinsatz zusätzlich folgende allgemeine Einsatzgrundsätze zu beachten:

- Wenn möglich, den Schaumangriff mit dem Wind vortragen, um Sichtbehinderungen zu vermeiden und die Wurfweite der Schaumrohre optimal auszunutzen.
- Möglichst mehrere Schaumrohre gleichzeitig einsetzen, um eine möglichst hohe Effektivität zu erzielen.
- Keinen Schaumeinsatz in spannungsführenden Anlagen durchführen, um das Risiko von elektrischen Schlägen zu vermeiden.
- Die Oberflächen von brennenden Flüssigkeiten müssen vollständig abgedeckt werden, um einen erfolgreichen und nachhaltigen Löscherfolg zu erzielen.

- Den Schaumstrahl nicht direkt in die brennende Flüssigkeit richten, sondern beispielsweise an einer Tankwandung hineinfließen lassen, um Flüssigkeiten nicht aufzuwirbeln sowie eine bessere Abdeckung zu erreichen.
- Einleitung von Schaum in offene Gewässer verhindern.

Ein größerer Schaumeinsatz erfordert immer eine gewisse Rüstzeit zur Vorbereitung des Schaumangriffes. Diese Rüstzeit sollte bei der Einsatzplanung berücksichtigt werden und kann in der Regel durch taktische Maßnahmen überbrückt werden, beispielsweise durch eine indirekte Brandbekämpfung mit Löschwasser.

Es ist wichtig, dass der Einsatzwert des Löschzuges vom Löschzugführer realistisch eingeschätzt wird. Eine Überschätzung kann zu gefährlichen Situationen führen. Daher ist es entscheidend, beim Vortragen eines Schaumangriffes rechtzeitig geeignete Ressourcen, sowohl in personeller Hinsicht als auch in Form von Einsatzmitteln, nachzufordern. Dies gewährleistet, dass der Schaumeinsatz effektiv und sicher durchgeführt werden kann.

Hinweis: Es ist von entscheidender Bedeutung, den Einsatz von Löschschaum so zu planen, dass er durchgängig und ohne Unterbrechung durchgeführt werden kann. Jegliche Fehlplanungen oder Fehlfunktionen, die zu einer Unterbrechung des Schaumangriffes führen, können den gesamten Löscherfolg gefährden. In solchen Fällen besteht die Gefahr, dass bereits aufgebrachter Schaum in kurzer Zeit wieder zerstört wird, was die Effektivität der Brandbekämpfung erheblich beeinträchtigen kann. Daher sollten alle Aspekte des Schaumeinsatzes sorgfältig durchdacht und vorbereitet werden, um einen kontinuierlichen und effektiven Einsatz zu gewährleisten.

In Sonderfällen, in denen der Einsatz von fluortensidhaltigen Schaummitteln unumgänglich ist, ist es wichtig, die damit verbundenen Nachteile hinsichtlich der Umweltgefährdung sorgfältig zu berücksichtigen. Diese Aspekte müssen zwingend in den Abwägungsprozess während der Einsatzplanung einfließen. Die potenziellen Umweltauswirkungen müssen daher gegen die Notwendigkeit des Schaumeinsatzes abgewogen werden, um sicherzustellen, dass die Entscheidung sowohl effektiv für die Brandbekämpfung als auch verantwortungsbewusst im Hinblick auf den Umweltschutz ist. Eine fundierte Planung und Berücksichtigung aller relevanten Faktoren sind entscheidend, um negative Folgen zu minimieren.

Sicherheitshinweise für Schaumeinsätze

- Wasser-Schaummittel-Gemische sind elektrisch leitfähig. Ein Schaumeinsatz darf daher nur in spannungsfreien Anlagen erfolgen!
- Das jeweilige Sicherheitsdatenblatt des zur Anwendung kommenden Schaummittels ist zu beachten.
- Bei Abfülltätigkeiten ist die persönliche Schutzausrüstung um einen Augenschutz zu erweitern.
- Bei Arbeiten mit Löschschaum und Schaummitteln sind grundsätzlich Handschuhe zu tragen.
- Nach dem Schaumeinsatz sind kontaminierte Einsatzmittel oder PSA mit Wasser abzuspülen und hierdurch grob zu dekontaminieren.
- Bei dem Einsatz von Löschschaum entsteht ein erhöhtes Unfallrisiko für die Einsatzkräfte durch Stolpern, Ausrutschen oder Abstürzen durch nicht mehr sichtbare Hindernisse oder Schächte und Senken. Daher sollte das Betreten von mittels Löschschaum gefluteten Räumen und Flächen vermieden werden.
- Besteht die Gefahr, dass Löschschaum eingeatmet werden kann, ist geeigneter Atemschutz zu tragen.

■ Zusammenfassung Schaumeinsatz

- Ein Schaumangriff ist erst zu beginnen, wenn alle erforderlichen Voraussetzungen hierzu erfüllt sind und die Brandbekämpfung mittels Schaum ununterbrochen und abschließend durchgeführt werden kann.
- Bei der Entschlussfassung zum Einsatz von Löschschaum sind zwingend die Aspekte des Umweltschutzes zu berücksichtigen.
- Im Gegensatz zur Brandbekämpfung mit dem Hohlstrahlrohr ist bei einem Schaumangriff eine dynamische Strahlrohrführung kontraproduktiv. Ein stabiler Schaumanker ist meist nur durch eine vorwiegend statische Schaumrohrführung erzielbar.

- Bei Bränden von polaren Flüssigkeiten muss alkoholbeständiges Schaummittel verwendet werden, damit der aufgebrachte Schaum nicht sofort wieder zerstört wird.
- Bei brennenden Flüssigkeiten ist ein sanftes Aufbringen des Löschschaumes für einen wirksamen Löscherfolg entscheidend.
- Ein indirektes Aufbringen von Löschschaum ist für einen schnellen und ressourcensparenden Löscherfolg immer zu bevorzugen.
- Die Schaumarten „Schwer- und Mittelschaum" können zur Effektivitätssteigerung der Brandbekämpfung miteinander kombiniert werden. So kann beispielsweise Mittelschaum durch das Aufschwimmen auf Schwerschaum zum nachhaltigeren Abdecken einer brennenden Flüssigkeit eingesetzt werden.

10.3 Tiefbauunfälle

Einsätze der Feuerwehr im Zusammenhang mit Tiefbauunfällen sind glücklicherweise eher selten, jedoch bergen sie oft auch erhebliche Gefahren für die Einsatzkräfte selbst. Aus diesem Grund ist es für den Zugführer unerlässlich, diese Gefahren frühzeitig zu erkennen und sich der Möglichkeiten sowie der Grenzen der Gefahrenabwehr bewusst zu sein.

Der Begriff „Tiefbau" umfasst alle Arbeiten, die an oder unter der Erdoberfläche durchgeführt werden, wie beispielsweise Kanalbau, Straßen- und Wegebau, Tunnelbau sowie Erd- und Grundbau. Wenn diese Arbeiten in Baugruben stattfinden, ist es wichtig, dass die Baugrube gegen das Abrutschen der Wände gesichert wird.

Werden nach einem solchen Unfall Rettungs- oder Bergungsmaßnahmen erforderlich, müssen diese oft in Bereichen durchgeführt werden, die eingestürzt sind oder als nicht standsicher beurteilt werden. Die Absicherung von Baugruben kann je nach Bodenbeschaffenheit und verfügbarem Platz durch einen Verbau oder Abböschung erfolgen.

Ein fundiertes Wissen über die Sicherheitsvorkehrungen und die Gesetzmäßigkeiten im Grundbau ist entscheidend, um Rettungs- und Bergungsmaßnahmen nach einem Tiefbauunfall erfolgreich und unter ausreichender Berücksichtigung des Eigenschutzes durchzuführen. Daher sollte der ersteintreffende Zugführer in solchen Einsatzsituationen möglichst auf die Unterstützung von fachkundigen Personen zurückgreifen, die frühzeitig hinzugezogen werden, um die Sicherheit aller Beteiligten zu gewährleisten. Unfälle, die sich in oder an Baugruben ereignen, werden allgemein als Tiefbauunfälle bezeichnet.

Hinweis: Bei Tiefbauunfällen besteht oftmals die Gefahr des Einsturzes durch das Nachrutschen von Erdreich auf verunglückte Personen. Da diese Gefahr auch für die Einsatzkräfte besteht, ist der Gefahrenbereich vor dem Betreten durch Einsatzkräfte zwingend abzusichern.

Auch bei Tiefbauunfällen kommt der Erkundung der Einsatzstelle eine sehr große Bedeutung zu, sodass diese strukturiert, möglichst schnell und zielgerichtet erfolgen muss. Bei der ersten Annäherung an eine Grube sollte nur über die Ecken an diese herangetreten werden, um sein eigenes Gewicht möglichst gleichmäßig zu verteilen. Im Rahmen der Erkundung sollte auch die Atmosphäre in der Grube geprüft werden, wozu Messtechnik einzusetzen ist. Bei der Personenbefragung sind dabei die nachfolgenden Fragestellungen von besonderer Relevanz:

- Bei welchen Arbeiten passierte der Unfall?
- Wie viele Personen werden vermisst bzw. sind verschüttet oder eingeklemmt?
- In welchem Bereich der Baugrube haben sich die Personen zuletzt aufgehalten?
- Sind die Personen komplett verschüttet oder können sie gesichtet werden?
- Welche Verletzungsmuster weisen die Personen auf?
- Welche Arbeiten wurden in der Baugrube durchgeführt?
- Bestehen in der Baugrube zusätzliche Gefahren, wie beispielsweise durch Versorgungsleitungen (Wasser, Gas, Strom usw.)?
- Ist oder war ein Verbau vorhanden?
- Kann ein bestehender Verbau stabilisiert oder erweitert werden?

Abbildung 20: Einsatzübung Tiefbauunfall bei Kanalbauarbeiten. Ein vorhandener Verbau wird durch Einsatzkräfte mittels eines Abstützsystems stabilisiert (Quelle: Christian Meyer)

Bei der Erkundung hat der Zugführer die Aufgabe, den Zustand der Baugrube zu beurteilen; hiervon sind seine weiteren Einsatzmaßnahmen abhängig. Weiterhin ist durch ihn die Entscheidung zu treffen, ob es sich um einen Einsatz zur Rettung oder zur Bergung handelt; hierauf ist seine Einsatzplanung abzustimmen. Hierdurch kommt der Entscheidung des Zugführers, gerade in der Anfangsphase, eine enorme Bedeutung zu. Nach der Stabilisierung der Lage ist frühzeitig eine Strategie zur Durchführung der Rettungsmaßnahmen festzulegen und individuell der Lage angemessen umzusetzen.

Ein entscheidender Punkt ist hierbei das Vordenken und Entwickeln eines alternativen Planes, falls geplante Maßnahmen nicht zum gewünschten Erfolg führen. Dabei spielt neben einem angemessenen Ansatz an Einsatzpersonal auch die Heranführung von ausreichenden Einsatzmitteln für Tiefbauunfälle eine entscheidende Rolle. Dabei ist zu berücksichtigen, dass spezielle Einsatzmittel, wie beispielsweise Abstützsysteme, in größerem Umfang über längere Distanzen der Einsatzstelle erst zugeführt werden müssen. So gilt gerade bei Tiefbauunfällen der Grundsatz der FwDV 100, dass Reserven zu bilden sind.

Einsatzgrundsätze bei Tiefbauunfällen

Bei Tiefbauunfällen sind wichtige Einsatzgrundsätze durch den Zugführer zu beachten, um die Sicherheit der Einsatzkräfte und die Effizienz der Rettungsmaßnahmen zu gewährleisten. Hier sind einige grundlegende Prinzipien:

- Schnelle Lageerkundung: Zunächst sollte eine schnelle und gründliche Lageerkundung durchgeführt werden, um das Ausmaß der Einsatzstelle und die Gefahrenlage zu beurteilen.
- Sicherung der Einsatzstelle: Die Einsatzstelle muss gesichert werden, um eine Schadensausweitung, zum Beispiel durch weitere Einstürze, zu vermeiden. Dazu gehören die Definition und das Absperren des unmittelbaren Gefahrenbereiches sowie das Sichern von instabilen Strukturen. Erschütterungen durch Fahrzeugbewegungen sind zu vermeiden. Auch sich im Nahbereich der Einsatzstelle befindliche Straßen oder Bahnstrecken sollten zur Vermeidung von Erschütterungen gesperrt werden.
- Ort der Geräte- und Materialablage in ausreichendem Abstand zur Baugrube festlegen. Wenn lastfreie Streifen vorhanden sind, sind diese unbedingt freizuhalten oder freizuräumen.
- Lagermaterial oder Erdaushub vorsichtig vom Baugrubenrand entfernen lassen.
- Erst nach der Durchführung von Sicherungsmaßnahmen können Einsatzkräfte im direkten Gefahrenbereich eingesetzt werden! Einsturz- und Nachrutschgefahr an Baugrubenrändern sind zu beachten. Bereits vorhandenen Verbau stabilisieren, sichern und, wenn erforderlich, erweitern.
- Einsatz von Fachkräften: Aufgrund der bei Tiefbauunfällen spezifischen

Gefahren sollten unbedingt Fachkräfte hinzugezogen werden, die über das nötige Wissen und die erforderliche Erfahrung verfügen. Ggf. Heranziehung von Baufachfirmen mit besonderen Fachkenntnissen und Maschinen, wie beispielsweise Saugbaggern.

- Rettung von Personen: Die Rettung von verletzten, eingeklemmten oder verschütteten Personen hat oberste Priorität. Hierbei sollten geeignete Rettungstechniken gewählt und entsprechende Rettungsgeräte eingesetzt werden.
- Kommunikation: Eine klare und effektive Kommunikation zwischen Zugführer und den Einsatzkräften ist entscheidend, um koordiniert und effizient arbeiten zu können.

Hinweis: Tiefbauunfälle sind für die Einsatzkräfte extrem gefährlich! Die Einsatzmaßnahmen bei Tiefbauunfällen müssen daher zuerst auf die Verhinderung einer weiteren Schadensausbreitung abzielen. Daher gilt es, ein weiteres Abrutschen von Baumaterialien oder vorhandenem Erdreich und das weitere Einstürzen zwingend zu verhindern. Die Priorität liegt dabei auf der Stabilisierung der Lage und der Sicherung des Gefahrenbereiches und somit auf der Verhinderung einer Schadensausweitung und der Gewährleistung eines ausreichenden Eigenschutzes.

Gräben mit mehr als 1,25 Meter Tiefe sind gemäß Unfallverhütungsvorschrift „Bauarbeiten“ abzuböschen oder zu verbauen. An den Grabenrändern ist ein mindestens 0,60 Meter breiter, lastfreier Streifen vorzusehen, welcher bei Böschungen bis zu 2 Meter betragen kann. Die größte Gefahr des Nachrutschens von Erdreich liegt nicht im unteren Bereich einer Grube, sondern an den oberen Kanten. Dort ist das Erdreich nicht von allen Seiten stabilisiert, was das Risiko eines Abrutschens erhöht. Schon eine geringe Verschüttungstiefe kann bereits ausreichen, um eine Bergung eines Verschütteten durch Herausziehen unmöglich zu machen.

Zur Sicherstellung des Eigenschutzes sind bei Tiefbauunfällen frühzeitig unter anderem Rückzugswege zu planen und festzulegen. Hierzu können in Baugruben beispielsweise Steckleitern eingesetzt werden, welche in regelmäßigen Abständen aufgestellt werden. Hierüber wird Einsatzkräften, die in den Gefahrenbereich vorgehen, die Möglichkeit eines schnellen Rückzuges gegeben. Sollten sich innerhalb der Grube oder im Nahbereich Versorgungsleitungen befinden, sind diese abzusperren oder freizuschalten.

Merkregel: Reihenfolge zum taktischen Vorgehen bei der Rettung von verunfallten Personen bei Tiefbauunfällen.

1. **Erkunden der Einsatzstelle**
2. **Sichern des Gefahrenbereiches und Lage stabilisieren**
3. **Rettungsverbau durchführen**
4. **Vorbereitung der eigentlichen Rettung und Befreiung**
5. **Patienten retten**

Die eigentliche Rettung des bzw. der Verschütteten ist stark abhängig vom Grad der Verschüttung und dem Gesundheitszustand des bzw. der Patienten. Hier hat der Zugführer in Abstimmung mit dem Rettungsdienst darüber zu entscheiden, welcher Rettungsmodus (schnelle Rettung oder Sofortrettung) gewählt werden muss. Anhand dieser Grundsatzentscheidung müssen sich im weiteren Einsatzverlauf die Maßnahmen zur technischen Rettung orientieren.

Für verschüttete Personen bestehen in erster Linie nachfolgende Gefahren durch:

Eingeschränkte Atmung: Verschüttete Personen können unter einer Schicht von Erde oder Trümmern gefangen sein, was ihre Atmung stark einschränkt. Wenn sie nicht rechtzeitig befreit werden, kann dies zu Sauerstoffmangel und letztlich zum Tod führen.

Druck auf den Körper: Das Gewicht von nachrutschendem Material kann auf den Körper der verschütteten Person drücken, was zu inneren Verletzungen oder Organversagen führen kann.

Hypothermie: Wenn die betroffene Person längere Zeit unter den Trümmern eingeschlossen ist, kann sie durch Kälte und Nässe gefährdet sein, was zu Hypothermie führen kann.

Psychische Belastung: Die psychische Belastung und der Stress, die mit der Situation für die verschüttete Person verbunden sind, können ein Trauma weiterhin negativ beeinflussen.

Zusätzlich besteht die Gefahr, dass sich verschüttete Personen nicht mehr bewegen können, was zu einer Behinderung des Blutkreislaufes führen kann. Dies kann ein sogenanntes „Hängetrauma" verursachen. Daher ist das Risiko des Bergungstodes ein wichtiger Aspekt, der bei der Rettung von verschütteten Personen berücksichtigt werden muss. Somit ist eine behutsame Rettung von Verschütteten unter engmaschigem medizinischem Monitoring entscheidend. Hierzu muss der Zugführer die Maßnahmen der technischen Rettung kontinuierlich mit dem Rettungsdienst abstimmen. Die Kombination all dieser Faktoren macht es unerlässlich, schnell und effektiv zu handeln, um das Leben von verschütteten Personen zu retten. Eine Verzögerung der technischen Rettungsmaßnahmen kann das Risiko für diese Personen erheblich erhöhen. Die ersten Phase solcher Einsätze sowie die Durchführung der darauffolgenden technischen Rettung sind daher von besonderer großer Bedeutung.

11 Literatur- und Quellenverzeichnis

Feuerwehrdienstvorschrift 1 (FwDV 1) „Grundtätigkeiten – Lösch- und Hilfeleistungseinsatz“, Stand September 2006, Ausschuss Feuerwehrangelegenheiten, Katastrophenschutz und zivile Verteidigung (AFKzV)

Feuerwehrdienstvorschrift 3 (FwDV 3) „Einheiten im – Lösch- und Hilfeleistungseinsatz“, Stand September 2008, Ausschuss Feuerwehrangelegenheiten, Katastrophenschutz und zivile Verteidigung

Feuerwehr-Dienstvorschrift 5 (FwDV 5) „Der Zug im Löscheinsatz“

Feuerwehrdienstvorschrift 100 (FwDV 100) „Führung und Leitung im Einsatz – Führungssystem“, Stand 1999, Ausschuss Feuerwehrangelegenheiten, Katastrophenschutz und zivile Verteidigung

Fachinformation für Zugführer, Fachinformationen für die Feuerwehren in Bayern der staatlichen Feuerwehrschulen des Landes Bayern

Lehrunterlage „Einsatztaktik“, Stand 2016, Landesfeuerwehrschule Baden-Württemberg

Lehrunterlage „Führungsorganisation im Einsatz bei einer Freiwilligen Feuerwehr“, Stand Juni 2011, Landesfeuerwehrschule Baden-Württemberg

FEUERWEHR-LERNBAR, Die Ausbildungsmedien der Feuerwehrschulen in Bayern, Staatliche Feuerwehrschule Würzburg

Lehrunterlage „Grundlagen Löschschaum“, Stand 2020, Niederösterreichischer Landesfeuerwehrverband

Lehrunterlage „Einsatzlehre, Tiefbauunfälle/Einsatzlehre Einsturz“, Stand 2020, Hessische Landesfeuerwehrschule

vfdb Richtline 06/01, Merkblatt „Technische – medizinische Rettung nach Verkehrsunfällen“

DGUV Vorschrift 38, Unfallverhütungsvorschrift „Bauarbeiten“

Lösungen

Lösungen zu Kapitel 4.3: 1. b); 2. d); 3. b); 4. a) und c); 5. a), c) und d)

Lösungen zu Kapitel 5.3: 1. a), c), d); 2. b); 3. b), c); 4. b), d); 5. a), b), c)

Lösungen zu Kapitel 7.3: 1. c), d); 2. b); 3. a), b); 4. b), c), e); 5. a), c)

Lösungen zu Kapitel 8: 1. a), c), d); 2. a), c), e); 3. a), d); 4. b)

Notizen